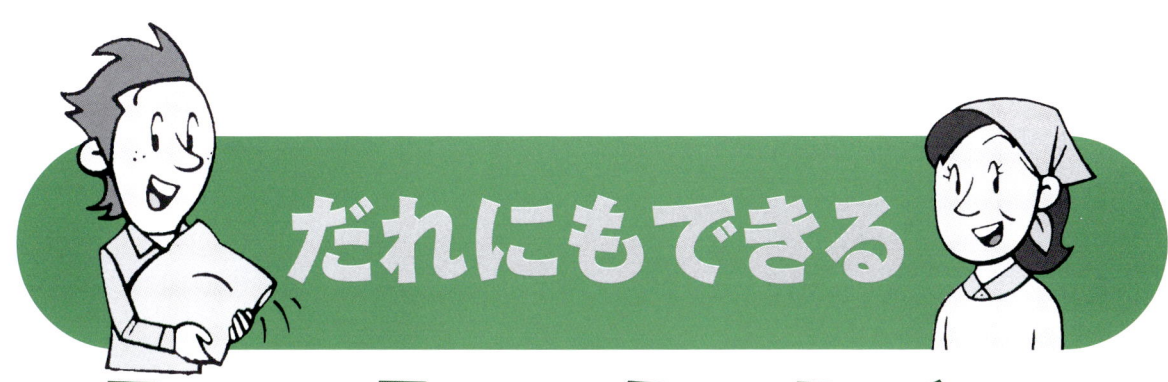

# だれにもできる
# 土壌診断の読み方と肥料計算

JA全農　肥料農薬部

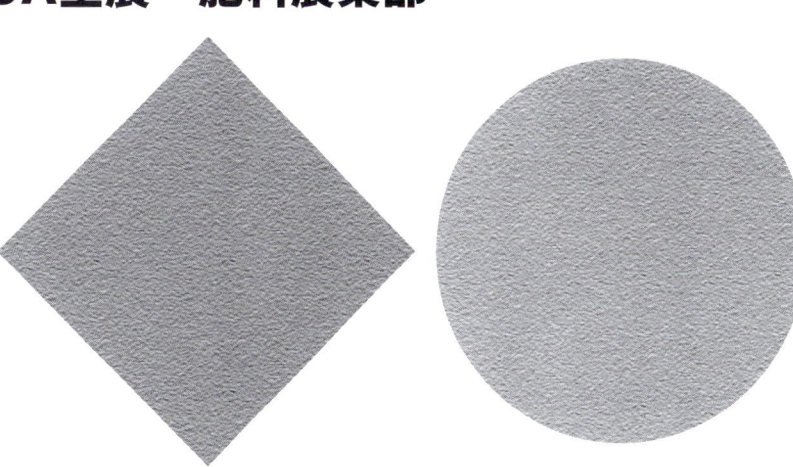

# はじめに

　国連によれば2006年の世界人口は約65億人と推定されていますが、2050年には95億人に増加するものと予測されており、世界的な食糧増産にともなう肥料の需要増は今後も持続するとの見方が大勢をしめています。一方、資源ナショナリズムの高まりによって、肥料原料の安定的な確保は年々困難になってきています。長期的な視点に立てば、今後も肥料価格は高い水準で推移するものと考えられており、継続的な対策が必要とされてきます。

　その有効な対策の一つが土壌診断です。土壌診断では分析−診断−処方（対策）という一連の流れをくり返すことが重要です。

　土壌分析の結果、土壌中の肥料成分が基準よりも多い場合は、その成分をひかえたより低価格な銘柄（低成分銘柄）に変更したり、施肥量を調整したりすることで健康な土に近づけることができるとともに、不必要な経費の支出をおさえることができます。

　一方、不足している成分がある場合には、その成分を適切に補給することで農産物の収量や品質を安定させたり、高めることが可能となります。また、日頃、土づくり資材として家畜ふん堆肥を施用している場合には、堆肥に含まれる肥料成分を考慮することで化学肥料由来の成分量を減らすことができるとともに、環境にやさしい持続的な農業の実践が可能となります。

　土壌診断のポイントは、土壌や施肥に関する基本的な知識を習得して、適切な処方箋を作成し、その処方を実践することです。

　本書は土壌を理解するのに必要な知識や土壌診断、施肥診断の方法、処方箋の作成方法等について、イラストを交え、できるだけわかりやすくまとめたものです。本書を通して土壌診断への関心がより一層高まり、安定かつ高品質な農産物生産に結びつくことを期待しています。

2010（平成22）年2月
全国農業協同組合連合会（JA全農）肥料農薬部

# 目 次

はじめに ………………………………………………………………………… 1

## Ⅰ．土壌診断の基礎

1. 土壌とは何か …………………………………………………………… 6
   - (1) 土壌の区分 ………………………………………………………… 6
   - (2) 土性 ………………………………………………………………… 6
   - (3) 土壌の三相組成 …………………………………………………… 7
   - (4) 団粒構造 …………………………………………………………… 7
   - (5) 土壌微粒子とイオン ……………………………………………… 8
2. 土壌診断の目的 ………………………………………………………… 8
   - (1) 作物の生育に必要な条件とは …………………………………… 8
   - (2) 土壌診断は化学性分析が中心、でも効果は大きい …………… 9
3. 土壌診断の手順 ………………………………………………………… 11
   - (1) 採土の方法と調整 ………………………………………………… 11
   - (2) 試料の調整 ………………………………………………………… 11
   - (3) 分析項目 …………………………………………………………… 12
   - (4) 土壌の仮比重 ……………………………………………………… 12
4. 土壌診断の目安―地力増進基本指針 ………………………………… 13

## Ⅱ．土壌化学性の改良

1. pHの診断 ………………………………………………………………… 16
   - (1) pHと作物生育 ……………………………………………………… 16
   - (2) pHの測定方法 ……………………………………………………… 17
   - (3) pHの基準値 ………………………………………………………… 17
   - (4) pHの改良方法 ……………………………………………………… 18
     - ① pHが低い場合 …………………………………………………… 18
     - ② pHが高い場合 …………………………………………………… 18
2. ECの診断 ………………………………………………………………… 19
   - (1) ECと作物生育 ……………………………………………………… 19
     - ① ECとは …………………………………………………………… 19
     - ② 高ECは要注意 …………………………………………………… 19
     - ③ EC値の目安 ……………………………………………………… 20
   - (2) ECの測定方法 ……………………………………………………… 21
   - (3) ECの改良 …………………………………………………………… 21
3. CECの診断 ……………………………………………………………… 22
   - (1) CECとは …………………………………………………………… 22
   - (2) CECの測定方法 …………………………………………………… 24
   - (3) CECの基準値 ……………………………………………………… 25
   - (4) CECに合った施肥が大切 ………………………………………… 26

## 4．塩基類の診断 ·················································· 27
### （1）塩基類と作物生育 ············································ 27
### （2）塩基類の測定方法 ············································ 28
### （3）塩基類の基準値 ·············································· 28
### （4）塩基類の改良方法 ············································ 30

## 5．リン酸の診断 ···················································· 32
### （1）リン酸と作物生育 ············································ 32
### （2）土壌中のリン酸とリン酸固定 ·································· 32
### （3）リン酸吸収係数とリン酸必要量との関係 ························ 33
### （4）有効態リン酸の測定方法 ······································ 34
### （5）有効態リン酸の基準値 ········································ 34
### （6）リン酸の改良方法 ············································ 35

## 6．無機態窒素の診断 ················································ 36
### （1）無機態窒素と作物生育 ········································ 36
### （2）窒素の形態 ·················································· 36
### （3）無機態窒素の測定方法 ········································ 37
### （4）無機態窒素の基準値 ·········································· 37

## 7．ケイ酸の診断 ···················································· 38
### （1）ケイ酸が稲の生育や品質を大きく左右する ······················ 38
### （2）有効態ケイ酸の測定方法 ······································ 38
### （3）有効態ケイ酸の基準値 ········································ 39
### （4）ケイ酸の改良方法 ············································ 39

## 8．腐植 ···························································· 40
### （1）腐植とは ···················································· 40
### （2）腐植の測定方法 ·············································· 40
### （3）腐植の目標値 ················································ 41
### （4）腐植の改良方法 ·············································· 41

## 9．鉄含量 ·························································· 42
### （1）鉄含量と作物生育 ············································ 42
#### ① 水田では ···················································· 42
#### ② 畑では ······················································ 42
### （2）鉄含量の測定方法 ············································ 43
### （3）鉄含量の目標値 ·············································· 43
### （4）鉄含量の改良方法 ············································ 43

# Ⅲ．施肥診断の基礎

## 1．施肥量の基本的な考え方 ·········································· 44
## 2．施肥量を決める要因 ·············································· 44
### （1）作物生産に必要な養分 ········································ 44
### （2）天然供給量と土壌の可給態養分量 ······························ 45
### （3）肥料養分の利用率 ············································ 46

## 3．施肥基準を入手する ......46
## 4．施肥量の算出方法 ......46
### （1）養分吸収量からの算出方法 ......46
### （2）土壌診断にもとづく算出方法 ......47
#### ① 窒素 ......47
#### ② リン酸、カリ ......48
### （3）家畜ふん堆肥中の養分を考慮した算出方法 ......48
#### ① 施用量算出の考え方 ......49
#### ② 代替率を使って家畜ふん堆肥の施用量を決める ......49
#### ③ 肥効率 ......50
#### ④ 肥効率を用いた窒素・リン酸・カリの削減量の計算 ......51

# Ⅳ．処方箋作成の基礎
## 1．土壌改良の資材施用量の算出手順 ......53
### pH ......54
### EC ......55
### リン酸 ......55
### カリ（カリウム） ......56
### 苦土（マグネシウム） ......56
### 石灰（カルシウム） ......56
### ケイ酸 ......56
### 酸化鉄 ......56
### 微量要素 ......57
## 2．土づくり肥料の最終設計の検討 ......58
## 3．施肥診断の算出手順（基肥肥料投入量の算出） ......59
## 4．ケース・スタディ ―野菜畑土壌の土壌改良と施肥― ......60
### 土壌診断処方箋（露地キャベツの例） ......64

# Ⅴ．わが国の耕地土壌における養分実態と全国の減肥基準
## 1．わが国の耕地土壌の実態 ......66
## 2．養分過剰土壌での作物生育（リン酸・カリ） ......68
### （1）リン酸過剰土壌での作物生育 ......69
### （2）カリ過剰土壌での作物生育 ......69
## 3．全国の減肥基準 ......70
### （1）リン酸の減肥 ......70
#### ① 水稲 ......70
#### ② 麦類・豆類 ......70
#### ③ 野菜 ......70
### （2）カリの減肥 ......71
#### ① 水稲 ......71
#### ② 麦類・豆類 ......71
#### ③ 野菜 ......71

## VI. 現場における土壌診断のキーポイント

- 1. 水稲 ································································ 72
  - （1）充実した稲は地力窒素の充実から ································ 72
  - （2）ケイ酸－米づくりには欠かせない成分 ···························· 73
  - （3）土壌診断データと処方箋作成 ···································· 76
    - 土壌診断処方箋（水稲の例）···································· 76
- 2. 露地畑 ······························································ 78
  - （1）日本の土は酸性になりやすい ···································· 78
  - （2）pHの測定結果から土壌を改良する ································ 79
    - ① pHを上げるには石灰資材を使う ······························ 79
    - ② pHとECの同時診断 ········································· 80
  - （3）肥料成分の流出を少なくして肥効を高める－局所施肥 ··············· 81
    - ① 局所施肥とは ··············································· 81
    - ② 局所施肥のメリット ········································· 81
  - （4）土壌診断データと処方箋作成 ···································· 83
    - 土壌診断処方箋（露地ホウレンソウの例）························ 83
    - 土壌診断処方箋（露地ダイコンの例）···························· 86
- 3. 施設畑 ······························································ 88
  - （1）露地と施設では施肥の着眼点が違う ······························ 88
  - （2）連作障害対策 ·················································· 89
  - （3）土壌診断データと処方箋作成 ···································· 91
    - 土壌診断処方箋（施設キュウリの例）···························· 91
- 4. 果樹 ································································ 93
  - （1）土壌改良と適正施肥 ············································ 93
  - （2）土壌診断データと処方箋作成 ···································· 96
    - 土壌診断処方箋（モモの例）···································· 96

## ちょっと一息

- ① 土壌コロイドとイオン ················································ 23
- ② 成分量表示と元素の関係 ·············································· 31
- ③ 単位などのお話 ······················································ 65

■ 索引 ···································································· 98
■ 参考文献 ································································ 100
■ 処方箋をもとに施肥改善などの指導にあたる皆さんへ ·························· 101

# Ⅰ 土壌診断の基礎

## 1 土壌とは何か

　土壌は、岩石の風化という非生物的な作用と微生物や植物などの関わりによる生物的な作用が相まって、長い時間をかけて作り出されたものです。

　岩石は大気（酸素）、水（雨水）、熱（温度）などの影響を受けて、砕かれて、含有成分が溶けてきます。やがて微生物が表面に住み着き、次いで地衣類、鮮苔類などの微小な植物やダニ、トビムシなどの小動物が現れます。この過程で、岩石は細かく壊れて、細土（粘土）が見られるようになります。また、これらの動植物の遺体は有機物となって蓄積します。

　このような岩石の崩壊と生物生態系の循環の中で、粘土や有機物を持つ土壌が作り出されていきます。

### (1) 土壌の区分

　土壌は基となる材料（母材）によって区分されます。本書では、火山灰が母材である黒ボク土と黒ボク土以外に大きく分けています。黒ボク土以外の土壌は沖積土（低地の土壌）及び洪積土（台地、丘陵地の土壌）とし、特に砂質土は養水分保持力が小さいことから、これらとは別に分けています。

表Ⅰ－1　本書の土壌区分と土壌の種類

| 黒ボク土 | | 黒ボク土、多湿黒ボク土、黒ボクグライ土 |
|---|---|---|
| 黒ボク土以外 | 沖積土 | 褐色低地土、灰色低地土、グライ土、（泥炭土）、（黒泥土） |
| | 洪積土 | 褐色森林土、灰色台地土、グライ台地土、赤色土、黄色土、暗赤色土 |
| | 砂質土 | 岩屑土、砂丘未熟土 |

注：カッコ内の土壌は集積土に区分されるが、水田利用が多いため便宜的に沖積土に収める。

### (2) 土性

　土壌の粒の大きさは2mm以下と規定されています。土壌の性質はその粒の大きさ（れき、砂、シルト、粘土）と構成割合で性質が異なります。粒の大きさを所定の割合に区分し、その組成を示したのが土性です。土性の違いで土壌が肥料を保持する力が異なってきます。

　土性を厳密に測定する方法はありますが、現場では触感による簡易判定法で土性を判断することが一般的です。

表Ⅰ-2　現場での土性の簡易判定法

| 粘土と砂との割合の感じ方 | ザラザラとほとんど砂だけの感じ | 大部分(70〜80%)が砂の感じで、わずかに粘土を感じる | 砂と粘土が半々の感じ | 大部分は粘土で、一部(20〜30%)砂を感じる | ほとんど砂を感じないで、ヌルヌルした粘土の感じが強い |
|---|---|---|---|---|---|
| 分析による粘土 | 12.5%以下 | 12.5〜25.0% | 25.0〜37.5% | 37.5〜50.0% | 50%以上 |
| 記号 | S | SL | L | CL | C |
| 区分 | 砂土 | 砂壌土 | 壌土 | 埴壌土 | 埴土 |
| 簡易的な判定法注 | 棒にもハシにもならない | 棒にはできない | 鉛筆くらいの太さにできる | マッチ棒くらいの太さにできる | コヨリのように細長くなる |

(前田・松尾、1974を一部改変)

注：判定にあたっては、土を少量の水でこねて土性を判定する。

また、土性には次のような特性があります。

表Ⅰ-3　土性の特性

|  | 砂土 | 壌土 | 埴土 |
|---|---|---|---|
| 透水性 | 良い | ← → | 悪い |
| 保肥力 | 小さい | ← → | 大きい |
| 養分含量 | 少ない | ← → | 多い |

## (3) 土壌の三相組成

　土壌は、砂、シルト、粘土などの無機物と有機物、そして水、空気からできています。これらを固相、液相、気相といい、割合を示したものが三相組成と呼ばれます。三相組成は土壌の構造そのものを表していますので、硬さ、水持ち、水はけなどと密接に関係します。

## (4) 団粒構造

　よく「団粒構造を持つ土壌の生産性は高い」と言われます。団粒構造とは、土の粒子が微生物の分泌物や分解された有機物などといっしょになってくっついたもの（団粒）が、さらに互いにくっついて骨組みを作っている状態のことです。

　団粒構造はすきまの中に、水をためることができます。土の中に水がしみ込んでいくと、水は団粒の中まで入ってきます。団粒の中のすきまは非常に狭い（微細な毛管孔隙）ので、いったん入るとなかなか出ません。逆に団粒の外側では、となりの団粒とのあいだに大きな隙間があるので、水は流れ落ちます。団粒の中には水をたくわえ、団粒の外側では水が流れ落ちる。これが「水持ちがよくて、水はけがよい」につながるのです。

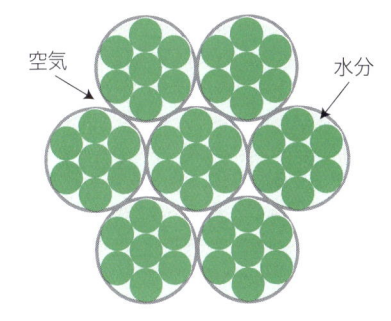

図Ⅰ-1　団粒構造のイメージ

## (5) 土壌微粒子とイオン

　土壌中の粘土や有機物（腐植）は2μm（0.002mm）以下の微粒子として存在しています。その大きな特徴は帯電粒子としての性質を有していることです。ほとんどはマイナスの電荷を帯びており、陽イオンであるカルシウム、マグネシウム、カリウムなどの養分を保持することができます。このように、土壌のマイナス荷電の大きさは養分保持力の大小に関わっています。

## 2　土壌診断の目的

### (1) 作物の生育に必要な条件とは

作物の生育に必要な条件は、主に次の6つです。

①光　②水　③空気
④温度　⑤養分　があり
⑥有害物質がないこと　が必要です。

　これら6つが好適な条件にある場合に、作物は正常に生育することができます。このうち、光、空気以外の水・温度・養分などは、土壌を通して作物に影響を与えています。したがって、これらを好適な条件に保つには、一にも二にも土壌の良し悪しにかかっているといえます。そしてこれを判断する方法の一つが土壌診断です。

　水や養分などが作物の生育にとって好適な状態にあるかどうかは、土壌の性質を見ればわかります。土壌の性質は図Ⅰ-2のように、①物理的性質（以下、物理性）、②化学的性質（以下、化学性）、③生物的性質（以下、生物性）に分けて考えることができます。土壌診断では、これら土壌の性質を分析し、総合的に判断して対策をたてる必要があります。

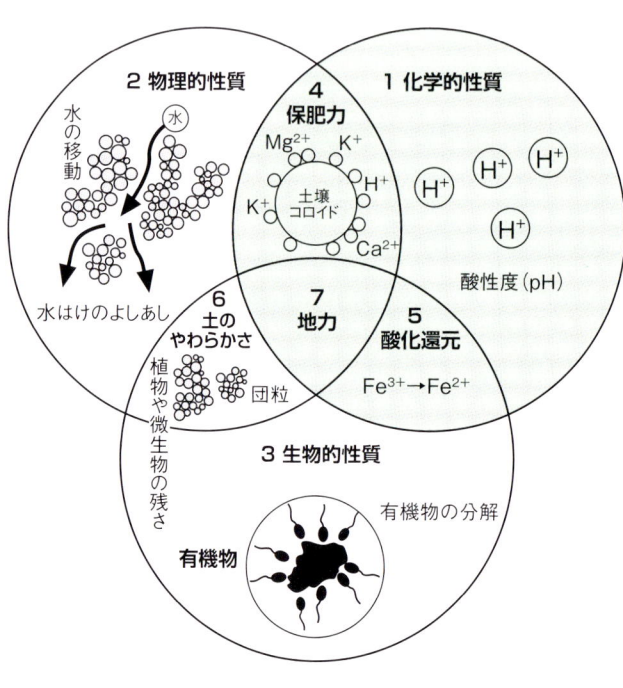

図Ⅰ-2　土の性質

図Ⅰ-2のように、
土壌は3つの性質が相互に影響しています。

```
1 化学的性質　→ 土の養分
2 物理的性質　→ 水はけ、水持ち
3 生物的性質　→ 有機物の分解
4 物理的性質と化学的性質　→ 保肥力
5 化学的性質と生物的性質　→ 酸化還元
6 生物的性質と物理的性質　→ 土のやわらかさ
7 物理的性質と化学的性質と生物的性質　→ 地力
```

## (2) 土壌診断は化学性分析が中心、でも効果は大きい

　現在行なわれている土壌診断は、主に土壌の化学性の分析が中心になっています。これは化学性が作物の生育や収量に対して影響が最も大きく、分析法が確立され、比較的簡単に精度の高い結果が得られるからです。これに対して、土壌の物理性や生物性は改良が簡単ではないので、効果が比較的現れにくく、分析にも専門的な知識や装置が必要であり、容易に実施することができないからです。

　つまり、土壌診断は診断全体から見れば一部分に過ぎないのですが、まず化学性の面から土壌を栽培に適した状態にすることが、生産性アップに貢献すると言えるでしょう。

　このことを忘れずに、化学分析では判断できない部分は、生産現場での観察や聞き取り調査などで補うことで、土壌診断が営農指導で有効な手段として活用され、作物の高品質・高収量生産につながるのです。

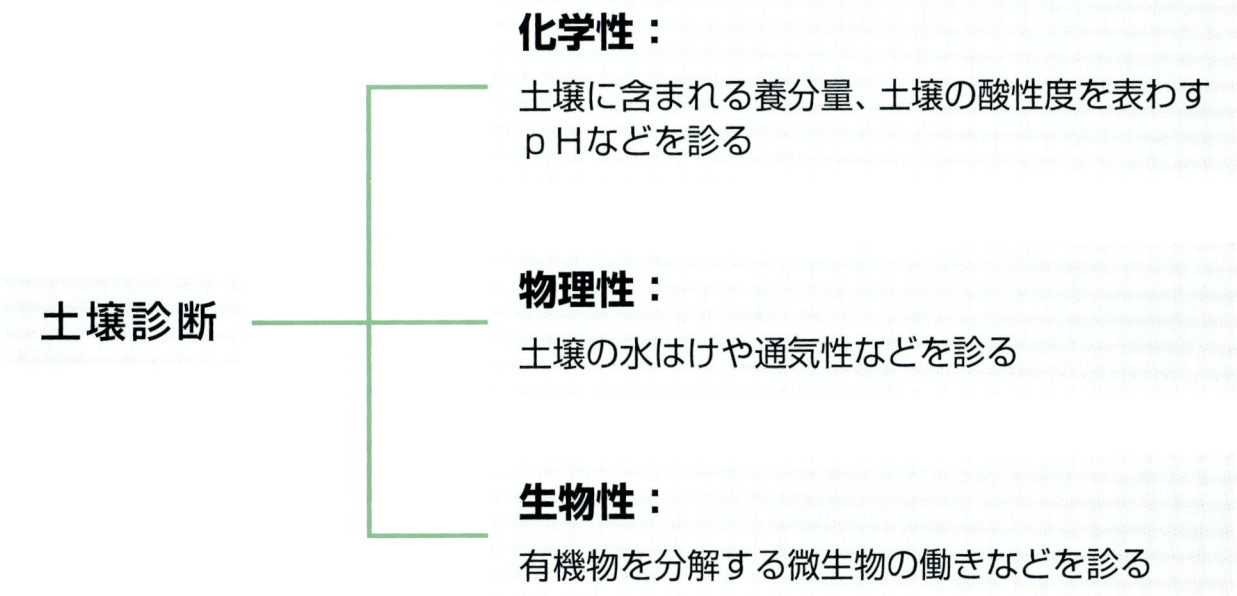

Ⅰ 土壌診断の基礎

かつての日本の土壌は、リン酸が欠乏した黒ボク土など問題土壌が多く、前に述べた「作物の生育に必要な条件」が整っていませんでした。中でも不足していたのが土壌養分です。「化学性」を中心とした土壌診断は、各種肥料を施用する際の判断基準などに用いられ、土壌改良や施肥の改善に大きな成果をあげてきました。言い換えれば、収量を上げるために必要な肥料成分の不足量を見つけ出すことに大きな役割を果たしてきたのです。

しかし、土壌診断をせずに施肥が続けられた圃場も多く、今日では、以前とは逆に養分過剰な土壌が多くみられるようになりました。それに伴い、土壌診断の役割も「不足する養分を補うため」から、養分過剰対策として「土壌養分の的確な把握のため」に変わりつつあります。

必要な養分だけを補う「適正施肥」は、「コスト抑制」と「環境保全」という課題を抱える現在の農業にとって不可欠なテーマであり、土壌診断はその鍵となるれっきとした農業技術なのです。

# 3 土壌診断の手順

## （1）採土の方法と調整

図Ⅰ-3のように1圃場から対角線上の5ヵ所より表層1cm位を除いた、深さ10～20cmまでの作土を採ります。採土方法は図Ⅰ-4に示すように土層の上下で厚さが違わないように注意する必要があります。1ヵ所から生土を500gずつ採取して、5ヵ所分の土をよく混合して500～1000gを試料とします。作物がある場合は肥料と土が混ざらないように注意して畦間の土壌を採ります。

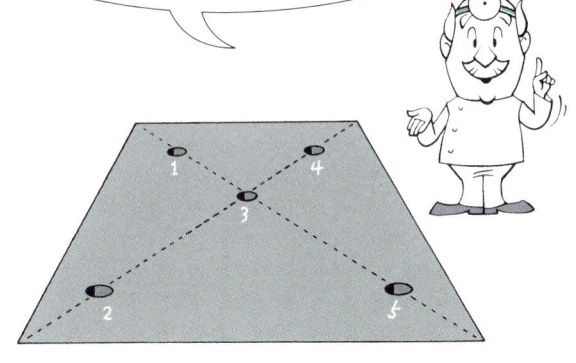

図Ⅰ-3　採土の位置

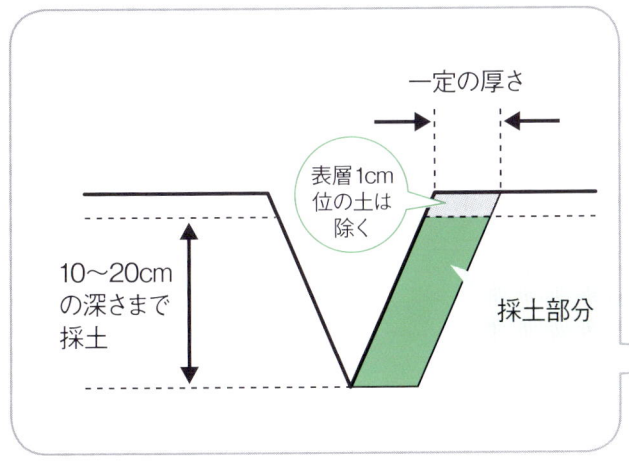

図Ⅰ-4　採土のしかた

## （2）試料の調整

採取した土壌は新聞紙などの上に広げて、日陰で1週間ほど風乾させます。

土壌を軽く砕いた後、1ないし2mmの篩を通します。篩上に土塊が残った場合は篩上に残らないように土塊を砕きます。風乾土として200～300gの細土を採り、袋に入れます。

## (3) 分析項目

　土壌診断では表Ⅰ－4の項目を調べます。初めて見る用語もあるかもしれませんが、これらの項目は第Ⅱ章で一つずつ解説します。ここでは「分析項目は13」とだけ覚えておいてください。この区別は多くの作物の試験からの結果です。

表Ⅰ－4　作目別分析項目

| 作　目 | pH | EC | アンモニア態窒素 | 硝酸態窒素 | 有効態リン酸 | 交換性カリ | 交換性石灰 | 交換性苦土 | 有効態ケイ酸 | 遊離酸化鉄 | 腐植 | CEC | リン酸吸収係数 |
|---|---|---|---|---|---|---|---|---|---|---|---|---|---|
| 水　田[注] | ○ |  | ○ |  | ○ | ○ | ○ | ○ | ○ | △ | △ | ○ | △ |
| 畑・草地 | ○ | ○ |  | ○ | ○ | ○ | ○ | ○ |  |  | △ | ○ | △ |
| ハウス | ○ | ○ | ○ | ○ | ○ | ○ | ○ | ○ |  |  | △ | ○ | △ |
| 果樹園 | ○ | ○ |  |  | ○ | ○ | ○ | ○ |  |  | △ | ○ | △ |
| 茶　園 | ○ | ○ |  |  | ○ | ○ | ○ | ○ |  |  | △ | ○ | △ |

記号の意味：○・必須、△・あった方が良い、空欄・無くても良い
注：水田での麦・大豆は畑地に準じます

## (4) 土壌の仮比重

　土壌の物理性は測定が難しいですが、土は重いのか、軽いのかは土壌の物理性のもっとも大事な性質であるほか、化学性の計算にとっても大事な項目です。

　化学性についての改良目標値は土壌の重さ（乾土）当たりで示されています。また土壌診断の結果も土壌の重さ（乾土）当たりで示されることが多いです。一方、土づくり肥料などの施用量は面積当たりで計算する場合がほとんどで、面積当たりの作土の重さを計算する必要があります。

　面積当たりの土壌の重さは下の式で求めます。

**土壌の重さ＝面積×作土層の厚さ×仮比重**

仮比重は黒ボク土で小さく、砂土で大きいです（表Ⅰ－5参照）。

表Ⅰ－5　土壌の仮比重の目安

| 土壌の種類 | | 仮比重 (g/cm$^3$) |
|---|---|---|
| 黒ボク土 | | 0.6～0.8 |
| 上記以外 | 壌　土 | 1.0 |
| | 埴土・埴壌土 | 1.2 |
| | 砂　土 | 1.2～1.4 |

## 4 土壌診断の目安―地力増進基本指針

土壌分析をして結果が出たら、その数字を農家に伝えて終わりではありません。作物にあった「最適な土壌状態」には、何が足りない（多い）のかを伝えなければなりません。そのためには、「最適な状態」とは何かを知る必要があり、国の「地力増進基本指針」が一つの目安になります。

その内容を以下に紹介しますので、参考にしてください。ここにも初めて見る用語があると思いますが、本書を最後まで読んでいけば十分理解できますので、ここでわからなくても大丈夫です。勉強は忍耐です。

**表Ⅰ-6　水田における基本的な改善目標**

| 土壌の性質 | 土壌の種類 | |
|---|---|---|
| | 灰色低地土、グライ土、黄色土、褐色低地土、灰色台地土、グライ台地土、褐色森林土 | 多湿黒ボク土、泥炭土、黒泥土、黒ボクグライ土、黒ボク土 |
| 作土の厚さ | 15cm以上 | |
| すき床層のち密度 | 山中式硬度で14mm以上24mm以下 | |
| 主要根群域の最大ち密度 | 山中式硬度で24mm以下 | |
| 湛水透水性 | 日減水深で20mm以上30mm以下程度 | |
| pH | 6.0以上6.5以下（石灰質土壌では6.0以上8.0以下） | |
| 陽イオン交換容量（CEC） | 乾土100g当たり12meq（ミリグラム当量）以上（ただし、中粗粒質の土壌では8meq以上） | 乾土100g当たり15meq以上 |
| 塩基状態　塩基飽和度 | カルシウム（石灰）、マグネシウム（苦土）及びカリウム（カリ）イオンが陽イオン交換容量の70～90％を飽和すること。 | 同左イオンが陽イオン交換容量の60～90％を飽和すること。 |
| 塩基状態　塩基組成 | カルシウム、マグネシウム及びカリウム含有量の当量比が（65～75）：（20～25）：（2～10）であること。 | |
| 有効態リン酸含有量 | 乾土100g当たり$P_2O_5$として10mg以上 | |
| 有効態ケイ酸含有量 | 乾土100g当たり$SiO_2$として15mg以上 | |
| 可給態窒素含有量 | 乾土100g当たりNとして8mg以上20mg以下 | |
| 土壌有機物含有量 | 乾土100g当たり2g以上 | ― |
| 遊離酸化鉄含有量 | 乾土100g当たり0.8g以上 | |

（地力増進基本指針）

注：1. 主要根群域は、地表下30cmまでの土層とする。
　　2. 日減水深は、水稲の生育段階等によって10mm以上20mm以下で管理することが必要な時期がある。
　　3. 陽イオン交換容量は、塩基置換容量と同義であり、本表の数字はpH7における測定値である。
　　4. 有効態リン酸は、トルオーグ法による分析値である。
　　5. 有効態ケイ酸は、pH4.0の酢酸―酢酸ナトリウム緩衝液により浸出されるケイ酸量である。
　　6. 可給態窒素は、土壌を風乾後30℃の温度下、湛水密閉状態で4週間培養した場合の無機態窒素の生成量である。
　　7. 土壌有機物含有量は、土壌中の炭素含有量に係数1.724を乗じて算出した推定値である。

## I 土壌診断の基礎

表 I－7　普通畑における基本的な改善目標

| | 土壌の種類 | | |
|---|---|---|---|
| 土壌の性質 | 褐色森林土、褐色低地土、黄色土、灰色低地土、灰色台地土、泥炭土、暗赤色土、赤色土、グライ土 | 黒ボク土、多湿黒ボク土 | 岩屑土、砂丘未熟土 |
| 作土の厚さ | 25cm 以上 | | |
| 主要根群域の最大ち密度 | 山中式硬度で 22mm 以下 | | |
| 主要根群域の粗孔隙量 | 粗孔隙の容量で 10％以上 | | |
| 主要根群域の易有効水分保持能 | 20mm/40cm 以上 | | |
| pH | 6.0 以上 6.5 以下（石灰質土壌では 6.0 以上 8.0 以下） | | |
| 陽イオン交換容量（CEC） | 乾土 100g 当たり 12meq 以上（ただし中粗粒質の土壌では 8meq 以上） | 乾土 100g 当たり 15meq 以上 | 乾土 100g 当たり 10meq 以上 |
| 塩基状態　塩基飽和度 | カルシウム、マグネシウム及びカリウムイオンが陽イオン交換容量の 70～90％を飽和すること。 | 同左イオンが陽イオン交換容量の 60～90％を飽和すること。 | 同左イオンが陽イオン交換容量の 70～90％を飽和すること。 |
| 塩基状態　塩基組成 | カルシウム、マグネシウム及びカリウム含有量の当量比が（65～75）：（20～25）：（2～10）であること。 | | |
| 有効態リン酸含有量 | 乾土 100g 当たり $P_2O_5$ として 10mg 以上 75mg 以下 | 乾土 100g 当たり $P_2O_5$ として 10mg 以上 100mg 以下 | 乾土 100g 当たり $P_2O_5$ として 10mg 以上 75mg 以下 |
| 可給態窒素含有量 | 乾土 100g 当たり N として 5mg 以上 | | |
| 土壌有機物含有量 | 乾土 100g 当たり 3g 以上 | ― | 乾土 100g 当たり 2g 以上 |
| 電気伝導度 | 0.3mS（ミリジーメンス）以下 | | 0.1mS 以下 |

（地力増進基本指針）

注：1．表 I－6 の注：3、4 及び 7 を参照すること。
　　2．作土の厚さは、根菜類等で 30cm 以上、特にゴボウ等では 60cm 以上を確保する必要がある。
　　3．主要根群域は、地表下 40cm までの土層とする。
　　4．粗孔隙は、降水等が自重で透水することができる粗大な孔隙である。
　　5．易有効水分保持能は、主要根群域の土壌が保持する易有効水分量（pF1.8～2.7 の水分量）を主要根群域の厚さ 40cm 当たりの高さで表わしたものである。
　　6．pH 及び有効態リン酸含有量は、作物又は品種の別により好適範囲が異なるので、土壌診断等により適正な範囲となるよう留意する。
　　7．可給態窒素は、土壌を風乾後 30℃の温度下、畑状態で 4 週間培養した場合の無機態窒素の生成量である。

表Ⅰ-8　樹園地における基本的な改善目標

| 土壌の性質 | 土壌の種類 | | |
|---|---|---|---|
| | 褐色森林土、黄色土、褐色低地土、赤色土、灰色低地土、灰色台地土、暗赤色土 | 黒ボク土、多湿黒ボク土 | 岩屑土、砂丘未熟土 |
| 主要根群域の厚さ | 40cm 以上 | | |
| 根域の厚さ | 60cm 以上 | | |
| 最大ち密度 | 山中式硬度で 22mm 以下 | | |
| 粗孔隙量 | 粗孔隙の容量で 10%以上 | | |
| 易有効水分保持能 | 30mm/60cm 以上 | | |
| pH | 5.5 以上 6.5 以下（茶園では 4.0 以上 5.5 以下） | | |
| 陽イオン交換容量（CEC） | 乾土 100g 当たり 12meq 以上（ただし中粗粒質の土壌では 8meq 以上） | 乾土 100g 当たり 15meq 以上 | 乾土 100g 当たり 10meq 以上 |
| 塩基状態　塩基飽和度 | カルシウム、マグネシウム及びカリウムイオンが陽イオン交換容量の 50～80%（茶園では 25～50%）を飽和すること。 | | |
| 塩基状態　塩基組成 | カルシウム、マグネシウム及びカリウム含有量の当量比が（65～75）：（20～25）：（2～10）であること。 | | |
| 有効態リン酸含有量 | 乾土 100g 当たり $P_2O_5$ として 10mg 以上 30mg 以下 | | |
| 土壌有機物含有量 | 乾土 100g 当たり 2g 以上 | ― | 乾土 100g 当たり 1g 以上 |

（地力増進基本指針）

注：1. 主要根群域とは、細根の 70～80%以上が分布する範囲であり、主として土壌の化学的性質に関する項目（pH、陽イオン交換容量、塩基状態、有効態リン酸含有量及び土壌有機物含有量）を改善する対象である。
2. 根域とは、根の 90%以上が分布する範囲であり、主として土壌の物理的性質に関する項目（最大ち密度、粗孔隙量及び易有効水分保持能）を改善する対象である。
3. 易有効水分保持能は、根域の土壌が保持する易有効水分量（pF1.8～2.7 の水分量）を根域の厚さ 60cm 当たりの高さで表したものである。
4. 表Ⅰ-6 の注：3、4 及び 7 及び表Ⅰ-7 の注：4 及び 6 を参照すること。

# Ⅱ 土壌化学性の改良

　植物が育つには、光・温度・水・空気のほかに、17の必須元素が必要と言われ、このうち、炭素・水素・酸素以外の元素は土壌中から供給されています。このため、安全・高品質な農産物を作るには、これらの必須元素が土壌にどのくらい含まれているかを的確に知り、栽培管理に活かしていくことが有効な手段となります。
　前章で述べたように、土壌には「化学性」「物理性」「生物性」の3つの性質がありますが、必須元素の含有量を調べるのは「化学性」です。ここでは、化学性の面から、一般的な土壌診断で分析される項目について、診断の目的と基準値、改良方法を解説します。

## 1　pHの診断

### (1) pHと作物生育

　pHは土壌中の水素イオン濃度のことで、7.0が中性、5.0以下が強酸性、6.0～6.5は微酸性、7.0～7.5が微アルカリ性、8.5以上が強アルカリ性です。多くの作物は微酸性を好みますが、好適pHは作物の種類によって異なります（P78、表Ⅵ-2を参照）。

ただし、作物によって好適なpHは違うから、土壌診断で確かめよう

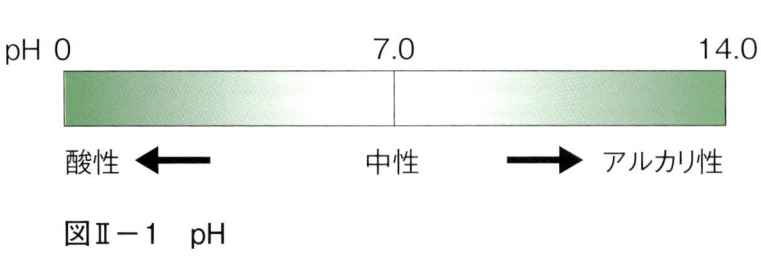

図Ⅱ-1　pH

　わが国は降水量が多く、土壌の塩基分（カルシウムやマグネシウムなどのアルカリ分）が流亡しやすいため、酸性になりがちです。しかし、今日では施設園芸（土壌に雨がかからない＝流亡しにくい）を中心に石灰質肥料や有機質資材などの多施用により、アルカリ側にかたよった土壌も多く見られるようになりました。
　土壌が酸性あるいはアルカリ性に偏り過ぎると、図Ⅱ-2のように土壌中の肥料成分の溶解性や可給性が変わり、作物に肥料成分による過剰障害や欠乏障害が発生することがあります。
　土壌が酸性化すると、アルミニウム・鉄の溶解度が高まり、作物にこれらの成分による過剰障害が発生したり、溶解したアルミニウムや鉄とリン酸が結合し、不可給化するため、リン酸欠乏が発生したりします。また、モリブデンが不可給化するため、作物にモリブデン欠乏が発生することもあります。
　一方、土壌がアルカリ化すると、鉄・マンガン・ホウ素・銅・亜鉛が不可給化するため、作物にこれらの成分の欠乏症が発生したり、リン酸の可給性が低下するため、リン酸欠乏症が発生したりします。
　したがって、土壌診断で土壌のpHを測定し、栽培する作物の好適pHに合わせて改良してください。

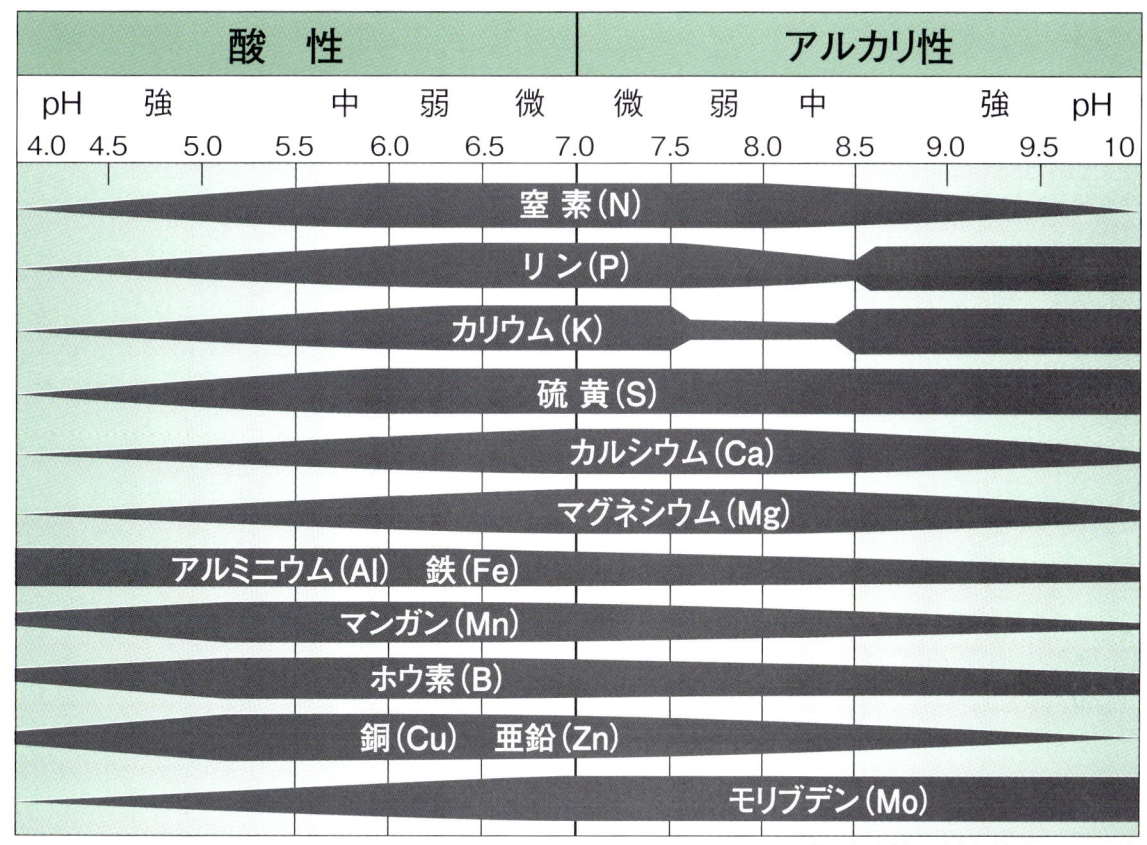

図Ⅱ-2　土壌のpHと肥料成分の溶解性・可給性　　（関東土壌肥料専技会、1996）

## (2) pHの測定方法

土壌重量1に対して純水[注]2.5倍量と決められていますが、ECと同時に測定されることが多いので、純水5.0倍量で測定する場合もあります。純水2.5倍量と5.0倍量で測定した結果には大きな差はありません。振とう後はけん濁状態でpHを測定します。

> 注：純水とは「純度の高い水、不純物を含まない水」という意味です。純水は、試薬の調製だけでなく、器具の洗浄にも使われます。水道水には、カルシウムやマグネシウムなどの陽イオン、塩素や硝酸などの陰イオンが微量に含まれていて、これらが分析時に影響することがあります。

pHメータで測定

## (3) pHの基準値

地力増進基本指針によるpHの改良目標値は表Ⅱ-1のとおりです。

表Ⅱ-1　地力増進基本指針によるpHの改良目標値

| 作　目 | 改良目標値 |
|---|---|
| 水田・普通畑[注] | 6.0～6.5 |
| 樹園地 | 5.5～6.5 |
| 茶　園 | 4.0～5.5 |

注：石灰質土壌ではpH6.0～8.0

# （4）pHの改良方法

## ① pHが低い場合

pHが低い場合は、目標値になるよう石灰質資材を施用します。pHを1上げるのに必要な石灰量の目安は表Ⅱ-2のとおりです。

う～む、pHが低いね、すぐにこれを飲みなさい

表Ⅱ-2　pHを1上げるのに必要な石灰量の目安　　　　　　　　　　　　　　　　　　　（kg/10a）

| 土壌の種類 | | 石灰の種類 | | |
|---|---|---|---|---|
| | | 炭カル | 苦土炭カル | 消石灰 |
| 黒ボク土 | | 300～400 | 280～380 | 240～320 |
| 黒ボク土以外 | 沖積土・洪積土 | 180～220 | 170～210 | 140～180 |
| | 砂質土 | 100～150 | 90～140 | 80～120 |

（加藤、1996を一部改変）

## ② pHが高い場合

pHが高い場合は、表Ⅱ-3のように、pHを下げる資材を施用して、pHが基準値になるようにします。また、基肥に生理的酸性肥料注を施用します。

注：P54を参照

表Ⅱ-3　主なpH調節剤

| 資材名 | 混合割合 | 特徴と注意点 |
|---|---|---|
| 硫黄華 | 風乾土100kgの土壌pHを1下げる場合<br><br>砂　土：55g<br>埴　土：80g<br>泥炭土：240g | ・施用時によく混合する<br>・混合後、目的のpHに下がるまで1カ月以上かかる<br>・微生物の活動が必要なので、混合後は適度な水分と温度が必要<br>・下がったpHは数年間維持される |
| ピートモス（育苗土） | 容量比で30％程度混合すると、pHは0.2～1.0下がる | ・酸性を調整していないピートモスを使用する |

（関東土壌肥料専技会、1996より作表）

## 2 ECの診断

### (1) ECと作物生育

#### ① ECとは

ECとは電気伝導度のことで、土壌と純水を混ぜたけん濁液中の電気の通りやすさを示します。単位はmS/cm（ミリジーメンス）、またはdS/m（デシジーメンス）で表します。塩類を含まない水は電気を通しにくいので、ECの値が低くなります。これは肥料分が少ないことを示します。逆に、ECの値が高いと、土壌中に肥料分が多く含まれていることを示します。

つまり、**ECは土壌の塩類濃度（＝肥料養分の濃度）の指標**となります。

#### ② 高ECは要注意！

分析の結果、ECが高い場合は、それだけ土壌の塩類濃度が高いということを示し、場合によっては集積している可能性があります。塩類濃度が濃くなると、根が水分を吸収できなくなるなどの「塩類濃度障害（肥料焼け）」を起こす場合があります。

これは、根の周りの土壌の溶液濃度が根の中よりも高くなると、浸透圧によって根の中の水分は土壌の溶液濃度を下げようと外部へ出ていってしまい、根がしおれたり、枯れてしまうためです（漬物を作るときに塩を振ると漬物樽に水がたまるのと同じです）。この場合は肥料養分の濃度を下げるため、基肥量を少なくするなどの対応が必要です。

ECに対する抵抗性（＝塩類に対する強さ）は、表Ⅱ－4のように、作物の種類や品種によって異なります。**ECの値に注意しなければならないのは、特に園芸作物**で、水稲では問題になることはありません。

人間も土も塩分の摂り過ぎは大敵じゃ！

## II 土壌化学性の改良

表II-4 土壌の塩類濃度に対する作物の抵抗性

| 抵抗性 | EC(mS/cm) | 作物名 | | |
|---|---|---|---|---|
| 強 | 1.6～ | オオムギ<br>ナタネ | バミューダグラス | ペレニアルライグラス |
| 中 | 0.8～1.6 | コムギ<br>エンバク<br>セルリー<br>ネギ<br>ピーマン<br>スイートクローバ<br>ソルガム | 水稲<br>アスパラガス<br>ダイコン<br>ハクサイ<br>ブロッコリー<br>アルファルファ<br>トウモロコシ | ダイズ<br>キャベツ<br>トマト<br>ホウレンソウ<br>イチジク<br>オーチャードグラス |
| やや弱 | 0.4～0.8 | サツマイモ<br>エンドウ<br>ソラマメ<br>ナス<br>アンズ<br>赤クローバ | バレイショ<br>カブ<br>タマネギ<br>ニンジン<br>ナシ<br>ラジノクローバ | インゲン<br>キュウリ<br>トウガラシ<br>レタス<br>モモ |
| 弱 | ～0.4 | ミツバ | イチゴ | |

(群馬県、2004)

注：ECは埴土の場合の目安で、この範囲になると作物収量は10％以上低下する危険がある。
土壌が砂質になるほどECの目安は低下する。

### ③ EC値の目安

作物の種類や土壌の種類によって大きく異なりますが、大まかな基準値は表II-5のとおりです。
ECは硝酸態窒素との関係も強いので、硝酸態窒素の推定にも使われます（表II-6）。また、基肥の施肥量の目安（＝塩類濃度障害を防ぐ）にも使われます（表II-7）。

表II-5 植付け前の適正EC値の目安　　　(mS/cm)

| 土壌の種類 | | 作物の種類 | |
|---|---|---|---|
| | | 果菜類 | 葉・根菜類 |
| 黒ボク土 | | 0.3～0.8 | 0.2～0.6 |
| 黒ボク土以外 | 沖積土・洪積土 | 0.2～0.7 | 0.2～0.5 |
| | 砂質土 | 0.1～0.4 | 0.1～0.3 |

(加藤、1996を一部改変)

より精度を求めるのなら、土壌中の硝酸態窒素を測定するのが無難じゃの

ECが1mS/cmなら、硝酸態窒素は約25～30mg/100gです。窒素肥料を減らすときの参考になります

表Ⅱ-6　ECから硝酸態窒素を推定する式

| 土壌の種類 | | 窒素推定式 |
|---|---|---|
| 黒ボク土 | | Y = 38X - 10 |
| 黒ボク土以外 | 沖積土・洪積土 | Y = 44X - 15 |
| | 砂質土 | Y = 29X - 5 |

（藤原、2008を一部改変）

注：X：EC(mS/cm)
　　Y：硝酸態窒素(mg/100g)

表Ⅱ-7　野菜類の施肥前EC値による基肥(N、K)施肥量の目安

| 土壌の種類 | | EC値（mS/cm） | | | | |
|---|---|---|---|---|---|---|
| | | 0.3以下 | 0.4〜0.7 | 0.8〜1.2 | 1.3〜1.5 | 1.6以上 |
| 黒ボク土 | | 基準施肥量 | 2/3 | 1/2 | 1/3 | 無施用 |
| 黒ボク土以外 | 沖積土・洪積土 | | | 1/3 | 無施用 | 無施用 |
| | 砂質土 | | 1/2 | 1/4 | | |

（加藤、1996を一部改変）

## （2）ECの測定方法

土壌重量1に対して、純水5倍量と決められています。振とう後、けん濁状態で測定します。

pHも同時に測定できますよ

## （3）ECの改良

ECの改良のねらいは、塩類集積（濃度）の低下です。下層土は表層土に比べECが低いことが多いので、ECが高い場合は、表層土と下層土を混合したり（天地返し）、深耕を行なって土壌全体の肥料養分濃度を下げます（希釈効果）。

それでもダメな場合は、トウモロコシやソルガムなどの肥料吸収能力の高い作物（クリーニングクロップまたは吸肥作物と言います）を栽培し、青刈り後、すき込まずにほ場の外に持ち出します。青刈り作物が土壌の肥料養分を吸収し、そのまま持ち出すことで肥料成分を減らすことができます。

## 3 CECの診断

### (1) CECとは

　土壌に含まれる粘土鉱物や腐植は、マイナスとプラスの電荷を帯びています。一方、肥料や土づくり肥料として土壌に施用する窒素（アンモニア態窒素）、カリ（カリウム）、石灰（カルシウム）、苦土（マグネシウム）は、いずれも水に溶けることでプラスの電荷を帯び、粘土鉱物や腐植のマイナス電荷部分に吸着され、雨が降ったり、かん水しても流れにくくなります。

　**CECとは粘土や腐植のマイナスイオンの総量（陽イオン交換容量）**のことで、アンモニウム（$NH_4^+$）、カルシウム（$Ca^{2+}$）、マグネシウム（$Mg^{2+}$）、カリウム（$K^+$）などの陽イオンを保持できる能力をあらわし、**土壌の保肥力の大きさを示します。**通常、乾土100g当たりの陽イオンのミリグラム当量（meqもしくはme）で表し（1meq＝原子量（mg）/荷電数）、数値が小さいと保肥力が低く、大きいほど保肥力が高いことを示します（図Ⅱ-3参照）。わが国の土壌ではCECは数meq～40meqが一般的です。

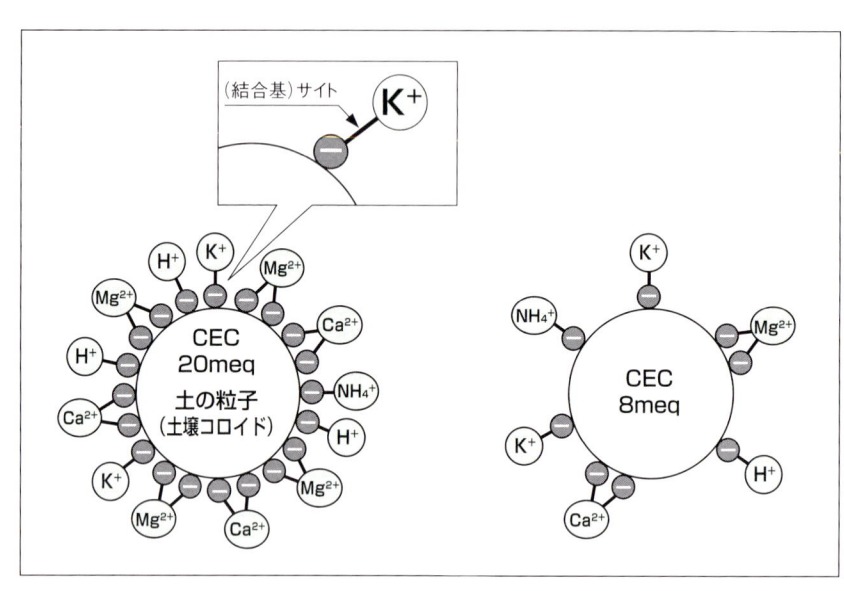

図Ⅱ-3　CECの模式図

CEC20meq（図の左）の土壌では陽イオンと結合できる陰イオンのサイトが多く、陽イオンをたくさん吸着できるので、肥料をたくさん抱えられます

CEC8meq（図の右）の土壌では陽イオンと結合できる陰イオンのサイトが少なく、陽イオンをたくさん吸着できないので、肥料もちが悪いです

## ちょっと一息・1

### ■ 土壌コロイドとイオン

　土は大小の粒子からできていますが、そのうち2μm(0.002mm)以下の粘土や1μm(0.001mm)以下の粒子の集合体を「コロイド(膠着(こうちゃく)物質)」と言います。土のコロイド(土壌コロイド)は粘土の細かい粒子や有機物が分解してできた腐植と微生物でできていて、普通はマイナスの電気(電荷)を帯びています。

　陽(プラス)または陰(マイナス)の電荷を持つ状態を「荷電」と言います。電荷を持つ原子や分子を「イオン」と言い、陽荷電を持つものは「陽イオン(＋)」、陰荷電を持つものは「陰イオン(−)」と呼びます。

　分子は「陽イオン」と「陰イオン」が結びついて、電気的に中性になると安定します。そのためには、陽イオンと陰イオンの数が同じになる必要があります。分子は、イオンの数が違えば不安定な状態となり、同等のイオン数の分子が来ると、より安定するために分子結合を入れ替えて、安定しようとします。

　土壌コロイドは、通常はマイナス荷電なので、粒子の表面にはプラスの電荷を持っている塩基、つまり陽イオン($NH_4^+$, $Ca^{2+}$, $Mg^{2+}$, $K^+$, $H^+$)が付いていますが、他の陽イオンとすぐに入れ替わってしまいます。このような陽イオン($NH_4^+$, $H^+$を除く)を交換性陽イオン**(交換性塩基)**と言います。

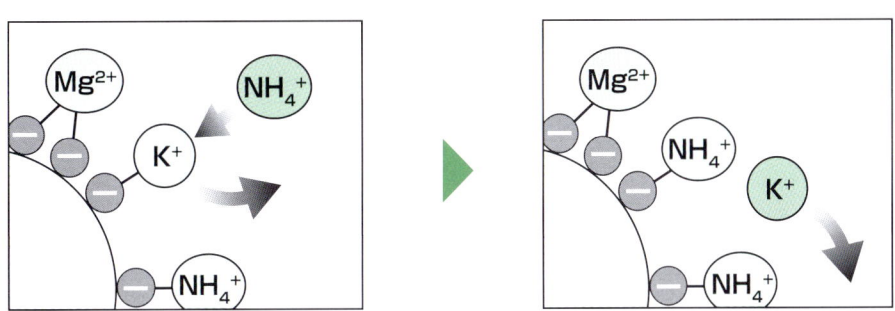

　土壌に施用された肥料成分(アンモニア態窒素、カリ、石灰など)は、土壌に吸着されて保持されますが、それは土壌コロイドの働きによるものなのです。アンモニウムイオン($NH_4^+$)、カルシウムイオン($Ca^{2+}$)、マグネシウムイオン($Mg^{2+}$)、カリウムイオン($K^+$)などは、土のコロイドに吸着されている水素イオン($H^+$)と置換されて保持されます。

　逆に、土壌は陰イオンを保持する能力が低いので、陰イオンを持つ窒素肥料成分の硝酸イオン($NO_3^-$)は、コロイドと結びつかずに、土中に溶け込んでいます。このため雨や灌水によって流されていきます。

　このように、肥料養分は土のコロイドに電気的に吸着されたり、土壌溶液に溶けた状態で存在しています。

# （2）CECの測定方法

　土壌で吸着していた陽イオンは、新たに加えられた陽イオンと交換されて土壌溶液中に出てきます。CECは、この反応を利用して測定します。図Ⅱ－4の②では、酢酸アンモニウム（$CH_3COONH_4$）の$NH_4^+$を加えることで、土壌に吸着していた$Ca^{2+}$や$Mg^{2+}$、$K^+$を抽出液中に放出させます。同じように、図Ⅱ－4の⑥では、吸着していた$NH_4^+$を新たに加えた塩化ナトリウム（NaCl）の$Na^+$と交換させます。

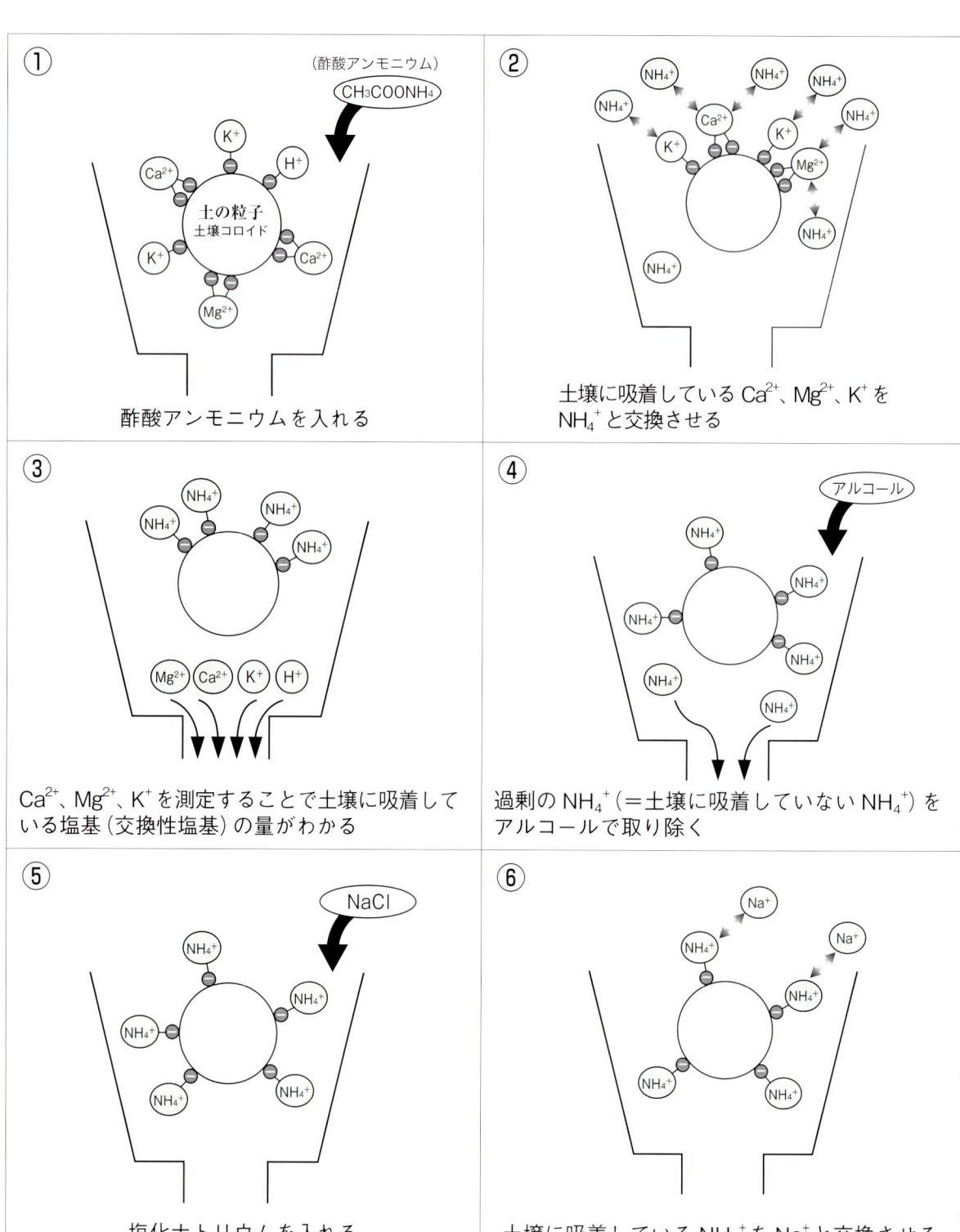

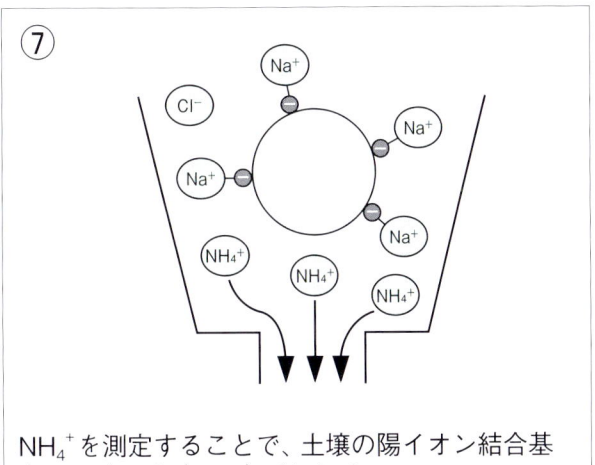

$NH_4^+$ を測定することで、土壌の陽イオン結合基（サイト）の和（CEC）がわかる。

図Ⅱ-4　CECの測定方法

溶出してきたアンモニウムイオン（$NH_4^+$）を比色法で測定することでCECがわかります。

## （3）CECの基準値

地力増進基本指針によるCECの基準値は表Ⅱ-8のとおりです。

表Ⅱ-8　地力増進基本指針によるCECの改良目標値

| 作目 | 土壌の種類 | CEC（100g乾土当たり） |
|---|---|---|
| 水田 | 灰色低地土、グライ土、黄色土、褐色低地土、灰色台地土、グライ台地土、褐色森林土 | 12meq以上（ただし、中粗粒質の土壌では8meq以上） |
| | 多湿黒ボク土、泥炭土、黒泥土、黒ボクグライ土、黒ボク土 | 15meq以上 |
| 普通畑 | 褐色森林土、褐色低地土、黄色土、灰色低地土、灰色台地土、泥炭土、暗赤色土、赤色土、グライ土 | 12meq以上（ただし、中粗粒質の土壌では8meq以上） |
| | 黒ボク土、多湿黒ボク土 | 15meq以上 |
| | 岩屑土、砂丘未熟土 | 10meq以上 |
| 樹園地 | 褐色森林土、黄色土、褐色低地土、赤色土、灰色低地土、灰色台地土、暗赤色土 | 12meq以上（ただし、中粗粒質の土壌では8meq以上） |
| | 黒ボク土、多湿黒ボク土 | 15meq以上 |
| | 岩屑土、砂丘未熟土 | 10meq以上 |

## （4）CECに合った施肥が大切

　CEC値が大きいほど保肥力が高く望ましいといえます。しかし、CEC値は、粘土鉱物の種類と量、腐植含量などといった土壌がもともと持っている性質に左右されるため、改良することが難しく、CEC値で土壌のよしあしを問うことはあまり意味がありません。

　むしろ、CEC値に合った施肥をすることが望ましいのです。例えば、CECの低い砂質土壌では、一度に施肥すると土壌に吸収されない養分が発生するので、1回の施肥量は少なくして分施したり、緩効性肥料を利用するようにします。

　代表的な土壌のCECは表Ⅱ－9のとおりです。

　CEC値に合わせた施肥は、土壌の特性に合った土壌管理や施肥管理が大事であることの一例といえます。では、土壌の特性を知るにはどうすればよいのでしょうか…そう、土壌診断なのです。

堆肥の投入はCECを増やすのに役立つよ！

表Ⅱ－9　土壌の種類とCEC　　　　　　　　　　　　　　　　　　　　　　　　　（meq/100g）

| 土壌の種類 | CEC | 土壌の種類 | CEC | 土壌の種類 | CEC |
|---|---|---|---|---|---|
| 砂丘未熟土 | 3～10 | 褐色森林土 | 10～25 | 灰色低地土 | 15～25 |
| 淡色黒ボク土 | 15～25 | 黄色土 | 10～15 | 褐色低地土 | 15～30 |
| 腐植質黒ボク土 | 20～30 | 赤色土 | 10～25 | 黒泥土 | 20～35 |
| 多腐植質黒ボク土 | 30～40 | 灰色台地土 | 15～30 | 多湿黒ボク土 | 30～40 |

（加藤、1996）

## 4 塩基類の診断

### (1) 塩基類と作物生育

　土壌の塩基とはカルシウム、マグネシウム、カリウムを意味しています。これらを総称して塩基類と言います。塩基類の作物に対する生理作用は表Ⅱ-10のとおりです。

表Ⅱ-10　塩基の生理作用

| 元素名 | | 主な生理作用 |
| --- | --- | --- |
| カルシウム | Ca | 細胞壁の成分と結合、細胞膜の形成等に関与、根の生長促進 |
| マグネシウム | Mg | 葉緑素の構成成分、光合成に関与 |
| カリウム | K | 光合成、炭水化物の蓄積に関与、開花結実の促進 |

　塩基類が不足すると表Ⅱ-11のように、作物の生育に様々な影響を与えます。ただし、近年は塩基類の不足よりも過剰が目立っています。さらに、それぞれの塩基成分は過剰になると他の塩基成分の吸収を阻害して欠乏を引き起こすことがあるので、塩基濃度ばかりでなく、他の塩基とのバランスも重要です。作物によるカルシウム、マグネシウム、カリウムの吸収は拮抗作用によって相互に抑制的に働きます。

〔拮抗作用〕
① カルシウムの吸収は、マグネシウム、カリウムが多いと抑制される。
② マグネシウムの吸収は、カリウムが多いと抑制される。
③ カリウムの吸収は、カルシウム、マグネシウムが多いと抑制される。

表Ⅱ-11　塩基類の過不足による生理障害（例）

| 元素名 | | 主な生理障害 |
| --- | --- | --- |
| カルシウム | 欠　乏 | 尻腐れ果（トマト）、心腐れ症（ハクサイ・キャベツ） |
| | 過　剰 | ― |
| マグネシウム | 欠　乏 | 葉脈間黄化症（トマト） |
| | 過　剰 | ― |
| カリウム | 欠　乏 | 青枯れ・赤枯れ（水稲）、葉縁焼け（キュウリ）、スジ腐れ（トマト） |
| | 過　剰 | マグネシウム欠乏 |

（高橋ら、1980・清水、1990より作表）

注：－は過剰症が発生しにくいことを示す。

## （2）塩基類の測定方法

交換性塩基はpH7.0で1モル濃度[注]の酢酸アンモニウム液を用いて、土壌に吸着されている石灰、苦土、カリを酢酸アンモニウム液のアンモニウムイオンと交換反応で溶出させて抽出します。

抽出された石灰・苦土は比色法や原子吸光光度法、カリは比濁法や炎光光度法で測定します。

> 注：モル濃度とは、溶液1リットル中に含まれている物質の量を物質量（mol）で表した濃度のことで、単位は「mol／L」を使います。例えば、1モル濃度の酢酸アンモニウムとは溶液1リットル中に酢酸アンモニウムが1mol（$CH_3COONH_4$＝77.08g）溶けていることを示します。

## （3）塩基類の基準値

塩基類の改良目標値は表Ⅱ－12のとおりです。

表Ⅱ－12　交換性塩基類の診断基準の目安　　　　　　　　　　　　　　　　　(mg/100g)

| 土壌の種類 | 作物の種類 | 石　灰 | 苦　土 | カ　リ |
|---|---|---|---|---|
| 黒ボク土 CEC30meq以上 | 果菜・葉菜類 | 350～550 | 35～60 | 20～40 |
| | 根菜類 | 320～500 | 30～50 | 20～40 |
| | 畑作物 | 200～450 | 25～50 | 20～40 |
| | 水　稲 | 200～400 | 25～50 | 20～40 |
| 黒ボク土 CEC30meq未満 | 果菜・葉菜類 | 300～450 | 30～50 | 20～35 |
| | 根菜類 | 250～450 | 25～45 | 20～30 |
| | 畑作物 | 180～400 | 20～45 | 20～30 |
| | 水　稲 | 180～350 | 20～40 | 20～30 |
| 黒ボク土を除く 埴壌土 | 果菜・葉菜類 | 200～350 | 20～40 | 20～30 |
| | 根菜類 | 150～300 | 20～40 | 20～30 |
| | 畑作物 | 200～300 | 25～40 | 20～30 |
| | 水　稲 | 150～300 | 20～40 | 20～30 |
| 黒ボク土を除く 砂質土 | 果菜・葉菜類 | 100～200 | 20～30 | 15～25 |
| | 根菜類 | 100～200 | 20～30 | 15～20 |
| | 畑作物 | 100～200 | 20～30 | 20～30 |
| | 水　稲 | 100～200 | 20～30 | 15～20 |

（加藤、1996を一部改変）

地力増進基本指針による塩基類の改良目標値は塩基飽和度と塩基組成（石灰、苦土、カリの構成比率）で表されています。塩基飽和度は土壌のCEC（陽イオン交換容量）に占める石灰、苦土、カリの割合のことで、ミリグラム当量（meqもしくはme）値で計算した（1meq＝原子量（mg）/荷電数）、石灰、苦土、カリの合計値をCECで割って、パーセンテージで表したものです。塩基組成は、これら3成分の当量値の比率で表します。

〔石　灰〕
石灰（CaO）原子量（mg）＝ Ca（カルシウム）＋ O（酸素）＝ 40.08 ＋ 16.00 ＝ 56.08mg
石灰の電荷 ＝ 2 （$Ca^{2+}$）
石灰1mg当量 ＝ 56.08 ÷ 2 ＝ 28.04mg ≒ 28mg
石灰ミリグラム当量（meq）＝ 交換性石灰（mg/100g）÷ 28
石灰飽和度（％）＝ 石灰ミリグラム当量（meq）÷ CEC（meq）× 100

〔苦　土〕
苦土（MgO）原子量（mg）＝ Mg（マグネシウム）＋ O（酸素）＝ 24.31 ＋ 16.00 ＝ 40.31mg
苦土の電荷 ＝ 2（$Mg^{2+}$）
苦土1mg当量　＝ 40.31 ÷ 2 ＝ 20.15mg ≒ 20mg
苦土ミリグラム当量（meq）＝ 交換性苦土（mg/100g）÷ 20
苦土飽和度（％）＝ 苦土ミリグラム当量（meq）÷ CEC（meq）× 100

〔カ　リ〕
カリ（$K_2O$）原子量（mg）＝ K（カリウム）× 2 ＋ O（酸素）＝ 39.1 × 2 ＋ 16.00 ＝ 94.20mg
カリの電荷 ＝ 1（$K^+$）
カリ1mg当量　＝ 94.2 ÷ 2[注] ＝ 47.10mg ≒ 47mg
　注：カリは$K_2O$で表され、この中にカリが2個あるので1ではなく2で割る。
カリミリグラム当量（meq）＝ 交換性カリ（mg/100g）÷ 47
カリ飽和度（％）＝ カリミリグラム当量（meq）÷ CEC（meq）× 100

> このように、石灰・苦土・カリのミリグラム当量と飽和度を計算すれば、あとはカンタン！

$$塩基飽和度（％）＝ \frac{【石灰（meq）＋苦土（meq）＋カリ（meq）】}{CEC（meq）} × 100$$

または、

**塩基飽和度（％）＝ 石灰飽和度 ＋ 苦土飽和度 ＋ カリ飽和度**

## Ⅱ 土壌化学性の改良

石灰／苦土（等量比）＝石灰ミリグラム当量（meq）／苦土ミリグラム当量（meq）
苦土／カリ（等量比）＝苦土ミリグラム当量（meq）／カリミリグラム当量（meq）

地力増進基本指針による塩基飽和度の改良目標値は表Ⅱ－13のとおりです。

表Ⅱ－13　地力増進基本指針による塩基飽和度の改良目標値

| 作目 | 土壌の種類 | 塩基飽和度（％） |
|---|---|---|
| 水田 | 灰色低地土、グライ土、黄色土、褐色低地土、灰色台地土、グライ台地土、褐色森林土 | 70～90 |
| | 多湿黒ボク土、泥炭土、黒泥土、黒ボクグライ土、黒ボク土 | 60～90 |
| 普通畑 | 褐色森林土、褐色低地土、黄色土、灰色低地土、灰色台地土、泥炭土、暗赤色土、赤色土、グライ土 | 70～90 |
| | 黒ボク土、多湿黒ボク土 | 60～90 |
| | 岩屑土、砂丘未熟土 | 70～90 |
| 樹園地 | 褐色森林土、黄色土、褐色低地土、赤色土、灰色低地土、灰色台地土、暗赤色土 | 50～80[注] |
| | 黒ボク土、多湿黒ボク土 | |
| | 岩屑土、砂丘未熟土 | |

注：茶園以外、ただし茶園では25～50％

塩基バランス（石灰：苦土：カリの飽和度）はいずれの作目でも、(65～75)：(20～25)：(2～10)が目標値となっています（石灰：苦土：カリ＝5：2：1）。石灰／苦土は5～8、苦土／カリは2～6になるように改良することが望ましいでしょう。

## （4）塩基類の改良方法

各塩基の不足量を求める計算式は以下のとおりです。

$$\text{不足 CaO 量（kg/10a）} = (\text{CEC} \times \frac{\text{目標 CaO 飽和度\%}}{100} \times 28^{[注]} - \text{交換性 CaOmg}) \times \text{仮比重} \times \frac{\text{作土深 cm}}{10\text{cm}}$$

$$\text{不足 MgO 量（kg/10a）} = (\text{CEC} \times \frac{\text{目標 MgO 飽和度\%}}{100} \times 20^{[注]} - \text{交換性 MgOmg}) \times \text{仮比重} \times \frac{\text{作土深 cm}}{10\text{cm}}$$

$$\text{不足 K}_2\text{O 量（kg/10a）} = (\text{CEC} \times \frac{\text{目標 K}_2\text{O 飽和度\%}}{100} \times 47^{[注]} - \text{交換性 K}_2\text{Omg}) \times \text{仮比重} \times \frac{\text{作土深 cm}}{10\text{cm}}$$

注：石灰、苦土、カリそれぞれの1mg当量。

## ちょっと一息・2

# ■ 成分量表示と元素の関係

### 成分量は酸化物で表示

　土壌および肥料の成分量は、酸化物で表示するのが一般的です。リンはPではなく$P_2O_5$、石灰はCaではなくCaO、苦土はMgではなくMgO、カリはKではなく$K_2O$、ケイ酸はSiではなく$SiO_2$で表示します。

　成分量を計算するためには元素の周期表から原子量を知る必要があります。

元素の周期表（国立天文台編「理科年表 平成22年版」丸善［2010］より）

| 1 | 2 | 3 | 4 | 5 | 6 | 7 | 8 | 9 | 10 | 11 | 12 | 13 | 14 | 15 | 16 | 17 | 18 |
|---|---|---|---|---|---|---|---|---|---|---|---|---|---|---|---|---|---|
| 1<br>H<br>1.00794 | | | | | | | | | | | | | | | | | 2<br>He<br>4.002602 |
| 3<br>Li<br>(6.941) | 4<br>Be<br>9.012182 | | | | | | | | | | | 5<br>B<br>10.811 | 6<br>C<br>12.0107 | 7<br>N<br>14.0067 | 8<br>O<br>15.9994 | 9<br>F<br>18.9984032 | 10<br>Ne<br>20.1797 |
| 11<br>Na<br>22.98976928 | 12<br>Mg<br>24.3050 | | | | | | | | | | | 13<br>Al<br>26.9815386 | 14<br>Si<br>28.0855 | 15<br>P<br>30.973762 | 16<br>S<br>32.065 | 17<br>Cl<br>35.453 | 18<br>Ar<br>39.948 |
| 19<br>K<br>39.0983 | 20<br>Ca<br>40.078 | 21<br>Sc<br>44.955912 | 22<br>Ti<br>47.867 | 23<br>V<br>50.9415 | 24<br>Cr<br>51.9961 | 25<br>Mn<br>54.938045 | 26<br>Fe<br>55.845 | 27<br>Co<br>58.933195 | 28<br>Ni<br>58.6934 | 29<br>Cu<br>63.546 | 30<br>Zn<br>65.38 | 31<br>Ga<br>69.723 | 32<br>Ge<br>72.64 | 33<br>As<br>74.92160 | 34<br>Se<br>78.96 | 35<br>Br<br>79.904 | 36<br>Kr<br>83.798 |
| 37<br>Rb<br>85.4678 | 38<br>Sr<br>87.62 | 39<br>Y<br>88.90585 | 40<br>Zr<br>91.224 | 41<br>Nb<br>92.90638 | 42<br>Mo<br>95.96 | 43<br>Tc<br>[99] | 44<br>Ru<br>101.07 | 45<br>Rh<br>102.90550 | 46<br>Pd<br>106.42 | 47<br>Ag<br>107.8682 | 48<br>Cd<br>112.411 | 49<br>In<br>114.818 | 50<br>Sn<br>118.710 | 51<br>Sb<br>121.760 | 52<br>Te<br>127.60 | 53<br>I<br>126.90447 | 54<br>Xe<br>131.293 |
| 55<br>Cs<br>132.9054519 | 56<br>Ba<br>137.327 | 57～71<br>※ | 72<br>Hf<br>178.49 | 73<br>Ta<br>180.94788 | 74<br>W<br>183.84 | 75<br>Re<br>186.207 | 76<br>Os<br>190.23 | 77<br>Ir<br>192.217 | 78<br>Pt<br>195.084 | 79<br>Au<br>196.966569 | 80<br>Hg<br>200.59 | 81<br>Tl<br>204.3833 | 82<br>Pb<br>207.2 | 83<br>Bi<br>208.98040 | 84<br>Po<br>[210] | 85<br>At<br>[210] | 86<br>Rn<br>[222] |
| 87<br>Fr<br>[223] | 88<br>Ra<br>[226] | 89～103<br>※※ | 104<br>Rf<br>[267] | 105<br>Db<br>[268] | 106<br>Sg<br>[271] | 107<br>Bh<br>[272] | 108<br>Hs<br>[277] | 109<br>Mt<br>[276] | 110<br>Ds<br>[281] | 111<br>Rg<br>[280] | 112<br>Uub<br>[285] | 113<br>Uut<br>[284] | 114<br>Uuq<br>[289] | 115<br>Uup<br>[288] | 116<br>Uuh<br>[293] | | 118<br>Uuo<br>[294] |

| | 57<br>La<br>138.90547 | 58<br>Ce<br>140.116 | 59<br>Pr<br>140.90765 | 60<br>Nd<br>144.242 | 61<br>Pm<br>[145] | 62<br>Sm<br>150.36 | 63<br>Eu<br>151.964 | 64<br>Gd<br>157.25 | 65<br>Tb<br>158.92535 | 66<br>Dy<br>162.500 | 67<br>Ho<br>164.93032 | 68<br>Er<br>167.259 | 69<br>Tm<br>168.93421 | 70<br>Yb<br>173.054 | 71<br>Lu<br>174.9668 |
|---|---|---|---|---|---|---|---|---|---|---|---|---|---|---|---|
| ※ | | | | | | | | | | | | | | | |
| ※※ | 89<br>Ac<br>[227] | 90<br>Th<br>232.03806 | 91<br>Pa<br>231.03588 | 92<br>U<br>238.02891 | 93<br>Np<br>[237] | 94<br>Pu<br>[239] | 95<br>Am<br>[243] | 96<br>Cm<br>[247] | 97<br>Bk<br>[247] | 98<br>Cf<br>[252] | 99<br>Es<br>[252] | 100<br>Fm<br>[257] | 101<br>Md<br>[258] | 102<br>No<br>[259] | 103<br>Lr<br>[262] |

※ランタノイド　※※アクチノイド

　元素記号の上の数字は原子番号、下の数字は原子量をそれぞれ示す。安定同位体がなく、天然で特定の同位体組成を示さない元素については、その元素の放射性同位体の質量数の一例を［　］内に示す。原子番号93番以降の元素はしばしば超ウラン元素と呼ばれる。族番号（1～18）はIUPAC無機化学命名法改訂版（1989）による。原子番号104番以降の元素（超アクチノイド）については、周期表上の位置は暫定的なものである。

Ⅱ 土壌化学性の改良

## 5 リン酸の診断

### (1) リン酸と作物生育

肥料三要素の一つであるリン酸は、窒素と並んで最も重要な養分の一つです。リン酸が不足すると、作物の品質が低下してしまいます。

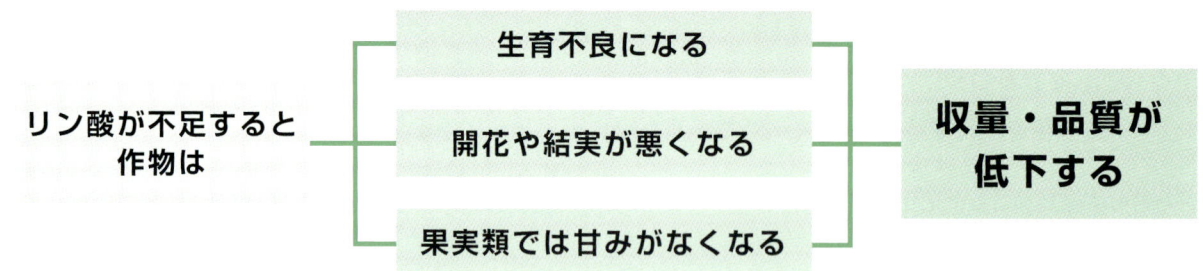

また、リン酸は過剰症（葉先が白化するなど）が外観に現れにくいので、ついつい過剰に施用してしまう傾向にあります。

### (2) 土壌中のリン酸とリン酸固定

土壌中のリン酸には、作物に利用されやすいものと、利用されにくいものがあります。作物に利用されやすいリン酸を「有効態（可給態ともいう）リン酸」といいます。土壌に施したリン酸の大部分は土壌中にあるカルシウムや鉄、アルミニウムなどと結合して、難溶性や不溶性のリン酸に変化するため、作物に利用されにくくなります。

このことを**リン酸の固定**といいます

難溶性や不溶性となるのは、溶解度の低いカルシウムや鉄、アルミニウムなどと結合してリン酸塩を生成するからです。特に、アルミニウムと結合したリン酸は作物にほとんど利用されません。また、土壌が酸性になるほど鉄やアルミニウムが溶け出しますので、リン酸の固定は増えます。

■ リン酸を作物に吸収させるには

　黒ボク土などの火山灰土壌には鉄やアルミニウムが多く、リン酸の固定力が高いです。このような土壌では、ゆっくり効く、く溶性リン酸（作物の根の先から出る有機酸に溶けるタイプのリン酸で、土壌にリン酸が固定されにくい）を含んだ「ようりん」などを施用します。火山灰土壌は酸性の場合が多いので、ようりんに含まれるアルカリ分も有効です。

　日本は世界でも有数の火山国なので、火山灰土壌が多いため、土壌に多量のリン酸が固定されていますが、作物に十分な量のリン酸を吸収させようと、リン酸を含む肥料や堆肥などの有機物が必要以上に施用されてきました。その結果、作物が吸収できるリン酸、つまり土壌中の有効態リン酸が過剰な田畑が多くなってきています。

> せっかくリン酸を入れても、土壌に取られて作物が食べ切れないんじゃ意味ないよね

> そう、だから無駄のない施肥をするには、その土壌の「リン酸を固定する力＝リン酸吸収係数」と「有効態リン酸」を知る必要があるわけよ

## （3）リン酸吸収係数とリン酸必要量との関係

　リン酸吸収係数とは土壌がリン酸を吸収（固定）する程度を示す数値です。リン酸吸収係数が高い土壌ほどリン酸の固定力が高く、施用されたリン酸が作物に吸収されないため、リン酸質肥料をその分だけ多く施用しなければなりません。

### ■ リン酸吸収係数が高い＝1500以上＝黒ボク土（火山灰土壌）

　日本に多く見られる火山灰土壌は、リン酸吸収係数が1500を超えることも少なくありません。リン酸吸収係数は土壌の特性を示した数値であり、改良目標値はありません。

> えっ！？ないってそんなっ

> まあ落ち着いて。そのかわり、土壌の酸性を改良したり、有機物を施用することで、土壌中のリン酸と反応する成分（アルミニウム等）を少なくするんだ（長年連用すれば吸収係数は少し下がる）。これでリン酸の固定を減らすのさ。
> 具体的な方法は、最後に説明するとして、土壌タイプごとのリン酸吸収係数と必要なリン酸量を示しておいたから、覚えておいてよ

アルミニウムや鉄の活性を抑えて、いかに作物にリン酸を有効に吸収させるかが、リン酸を施肥するときのポイントなのです。

リン酸吸収係数とリン酸の必要量について表Ⅱ－14に示しました。この表は新たに開墾した畑などでの使用を前提としています。すでに栽培が行なわれている土壌では、現実的な施肥量やコスト等をふまえ、リン酸施用量は1～2.5（mg/100g乾土）程度で計算することが妥当です。

表Ⅱ－14　リン酸吸収係数とリン酸必要量

| リン酸吸収係数 | 不足リン酸1mg当たりリン酸施用量（mg/100g乾土） | 土壌の種類 | |
|---|---|---|---|
| 2000以上 | 12 | 腐植質黒ボク土 | |
| 2000～1500 | 8 | 黒ボク土 | |
| 1500～700 | 6 | 黒ボク土以外 | 洪積土壌 |
| 700以下 | 4 | | 沖積土壌 |

（土壌保全調査事業全国協議会、1991を参考に作表）

## (4) 有効態リン酸の測定方法

有効態（可給態）リン酸とは、土壌中に存在するリン酸のうち、作物に吸収されやすい形態のリン酸のことをいいます。

土壌診断では、この有効態リン酸を測定します。日本では薄い硫酸液（pH 3）で抽出する「トルオーグ法」がよく用いられ、多くのデータが蓄積されています。トルオーグ法で抽出されるリン酸は水溶性やカルシウム型のリン酸と考えられ、作物に利用されやすい形態のリン酸です。

## (5) 有効態リン酸の基準値

有効態リン酸は土壌タイプごと、作物ごとに基準値が設定されています。表Ⅱ－15が国の地力増進基本指針の基準値です。なお、2008年7月の「土壌管理のあり方に関する意見交換会」（農林水産省で設定）で、水田では20mgの上限値が示されています。

表Ⅱ-15　地力増進基本指針における有効態リン酸の改善目標

| 区　分 | 土壌の種類 | 目標リン酸<br>（乾土100g当たり） |
|---|---|---|
| 水　田 | － | 10mg以上 |
| 普通畑 | 黒ボク土、多湿黒ボク土 | 10～100mg |
|  | その他の土壌 | 10～75mg |
| 樹園地 | － | 10～30mg |

> トルオーグ法で、その土壌の有効態リン酸を測定し、この基準値に照らして足りない分を補ってやるわけよ。その方法は「（6）リン酸の改良方法」を読むべし

## （6）リン酸の改良方法

不足している有効態リン酸の量は、次の式を用いて求めます。

（目標リン酸－測定リン酸）mg × 不足リン酸1mg当たりリン酸施用量

$$\times \frac{100}{リン酸質肥料成分\%} \times \frac{作土深 cm}{10cm} \times 仮比重^{注} = 施用リン酸 kg/10a$$

注：土壌の仮比重は、実測値がない場合には土壌タイプごとの大まかな数値を使います（P12表Ⅰ-5参照）。

### ■ 土壌が酸性だと、せっかくリン酸を施用しても…

ところが、不足した有効態リン酸分を施用しても、土壌が酸性だと遊離している鉄やアルミニウムに固定されて、有効態リン酸が増加しない場合があります。このような場合にはリン酸質肥料が効きやすくなるように土壌pHの改良や有機物施用を実施するとよいでしょう。

●土壌が

**酸性のときは**
よう成りん肥（ようりん）などのく溶性のリン酸質肥料を施用します。

**中性のときは**
少量ならば、ようりんを用いてもよいですが、通常、ダブリン、重焼燐を用います。

**アルカリ性のときは**
過石、重過石、ダブリンなどを用いるとよいでしょう。

土壌診断で有効態リン酸が目標値よりも多かった場合は、リン酸の施用を控えたほうがよいでしょう。

## 6 無機態窒素の診断

### (1) 無機態窒素と作物生育

　窒素は作物体に乾物換算（＝作物に含まれる水分量を除いたもの）で数％含まれ、作物の生育・収量に最も影響を及ぼす重要な栄養分です。
　窒素には、実に様々な働きがあります。

①タンパク質、核酸、葉緑素、ホルモン物質などの主要植物成分の構成元素となる。

②タンパク質は原形質の主要成分であり、各種酵素として生理作用に関与。核酸は遺伝子を形成し、細胞分裂などにも関与する。

③生育を促進し、養分吸収、同化作用などを盛んにする。

　また、窒素が欠乏あるいは過剰になると、作物には次のような影響が表れます。

**窒素が欠乏すると**
- 植物全体が淡緑色になり、葉は黄化します。
- 根の伸長が鈍くなり、生育が落ちて全体的に小さくなります。
- 子実の成熟が進み、収量・品質とも低下します。

**窒素が過剰になると**
- 葉が濃緑色になり、過繁茂になります。
- 組織が軟弱化して、病害虫や冷害に対する抵抗性が低下し、また倒伏しやすくなります。
- 果菜類、根菜類や果樹では、窒素過剰で開花・結実・塊茎肥大の遅れ、落果、糖度が低下するなど品質も悪くなります。

### (2) 窒素の形態

　土壌中に存在する窒素には、「有機態窒素」とアンモニア態や硝酸態の「無機態窒素」があります。このうち作物に利用されやすい窒素は、無機態窒素（アンモニア態窒素と硝酸態窒素）です。有機態窒素はアンモニア化成菌などの微生物によって無機態窒素まで分解され（無機化）、作物に吸収されます。畑土壌では施肥したアンモニア態窒素が微生物によって硝酸態窒素に変化（酸化）します。これを「硝酸化成作用」（単に硝化作用と呼ばれる場合もあります）。

図Ⅱ-5　窒素の形態変化

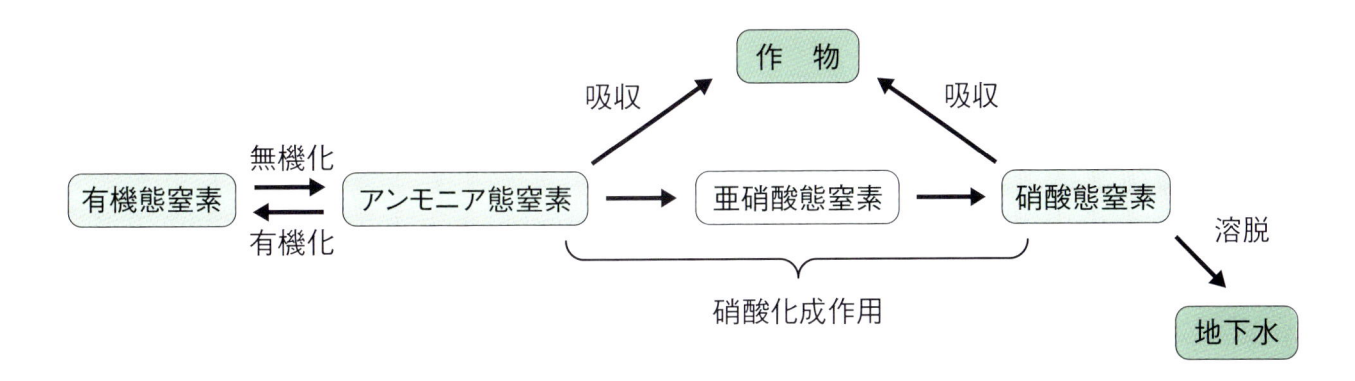

```
有機態窒素 ⇌(無機化/有機化) アンモニア態窒素 → 亜硝酸態窒素 → 硝酸態窒素 →(溶脱) 地下水
アンモニア態窒素 →(吸収) 作物 ←(吸収) 硝酸態窒素
亜硝酸態窒素～硝酸態窒素：硝酸化成作用
```

　硝酸化成作用によって、アンモニア態窒素→亜硝酸態窒素→硝酸態窒素になりますが、亜硝酸態窒素で止まることはほとんどなく、すぐに硝酸態窒素まで酸化されます。硝酸態窒素は土壌に吸着せず、溶脱して地下水汚染の原因になりますので注意しましょう。

## (3) 無機態窒素の測定方法

　土壌の硝酸態窒素とアンモニア態窒素は、塩化カリウム溶液で抽出して分析します。アンモニウムイオンはプラスに荷電していますので、マイナスに荷電している土壌粒子に吸着しています。そこで、吸着されたアンモニウムイオンを抽出するため、塩化カリウム溶液のカリウムイオン（プラスに荷電）で交換することにより抽出します。一方、硝酸イオンはマイナスに荷電していますので、土壌粒子に吸着していることは少なく、水でも容易に抽出されます。
　抽出されたアンモニウムイオンと硝酸イオンはそれぞれ比色法で測定します。

## (4) 無機態窒素の基準値

　作物ごとの硝酸態窒素の基準値は確立されていませんが、野菜類における目安は表Ⅱ-16のとおりです。

表Ⅱ-16　土壌中の硝酸態窒素の目安　　（mg/100g乾土）

| 診　断 | 硝酸態窒素 |
|---|---|
| 少ない | 4以下 |
| 適　正 | 5～15前後 |
| 多　い | 25前後 |
| 過　剰 | 50以上 |

（加藤、1996を一部改変）

## Ⅱ 土壌化学性の改良

# 7 ケイ酸の診断

## (1) ケイ酸が稲の生育や品質を大きく左右する

　ケイ酸はすべての作物に必要ではありませんが、稲にとっては必要不可欠な元素です。稲の場合、乾物換算で15％も吸収し、茎数や1穂当たりの粒数、登熟歩合などに影響を与えます。
　また、ケイ酸が欠乏した稲には、次のような症状が起こります。

　①生育や収量が低下する。
　②茎葉が軟弱になり、倒伏の可能性や病害虫の被害が増える。
　③米の品質が低下する。
　④根の酸化力が低下して、根腐れや秋落ち（順調に生育していた稲が出穂期頃から調子が悪くなり、収量が少なくなること）の原因になる。

> だから、日本では、水田にケイ酸を供給するため、ケイ酸質肥料が施用されているんじゃ

## (2) 有効態ケイ酸の測定方法

　作物（稲）が吸収しやすい状態のケイ酸を「有効態（可給態）ケイ酸」といいます。有効態ケイ酸の抽出方法は表Ⅱ－17のとおりですが、測定方法は多くの研究者から発表されており、わが国では統一された方法はありません。
　従来はpH4.0の「酢酸緩衝液抽出法」が使用されてきましたが、多くの課題が指摘されています。全農では土壌に吸着されているケイ酸をリン酸と交換反応で抽出する「中性PB法」を採用しています。中性PB法で抽出されたケイ酸は、比色法で測定します。

表Ⅱ－17　有効態ケイ酸の抽出方法

| 方　法 | 抽出液・温度・静置時間 | 特　徴 |
| --- | --- | --- |
| 酢酸緩衝液抽出法<br>（今泉・吉田法） | pH4.0の酢酸緩衝液で40℃、5時間静置 | 従来からの方法。浸出条件が強く、資材の不可給態ケイ酸まで溶出する。 |
| 中性PB法<br>（全農法） | pH7.0の20mMリン酸緩衝液で40℃、5時間静置<br>迅速な方法として80℃、30分間静置法がある。 | 土壌に吸着されているケイ酸をリン酸と交換反応で抽出する。 |

## (3) 有効態ケイ酸の基準値

### 地力増進基本指針では、酢酸緩衝液抽出法で設定

地力増進基本指針の目標値は酢酸緩衝液抽出法で設定され、目標値は15mg/100g以上になっています。

ただし、酢酸緩衝液抽出法では、ケイカルなどのケイ酸質資材が施用された土壌ではケイカルに含まれる不可給態(=稲が吸収できない)ケイ酸も溶出してしまい、異常に高い分析値が出る場合があります。また、酢酸緩衝液抽出法で測定される有効態ケイ酸と水稲のケイ酸吸収量との間の相関にバラツキがあることも報告されています。

### 中性PB法で評価した基準値

中性PB法で測定した有効態ケイ酸と水稲のケイ酸含有率との関係は図Ⅱ-6のとおりです。非黒ボク土では、有効態ケイ酸が15mg/100gまでは水稲のケイ酸含有率が直線的に増加しますが、15mg/100gを超えると水稲のケイ酸含有率は頭打ちになります。一方、黒ボク土では有効態ケイ酸が25mg/100gまでケイ酸含有率が増加しますが、それ以上になるとケイ酸含有率は頭打ちとなります。

暫定的ですが、中性PB法で評価した有効態ケイ酸の基準値は非黒ボク土で15mg/100g、黒ボク土で25mg/100gとなっています。

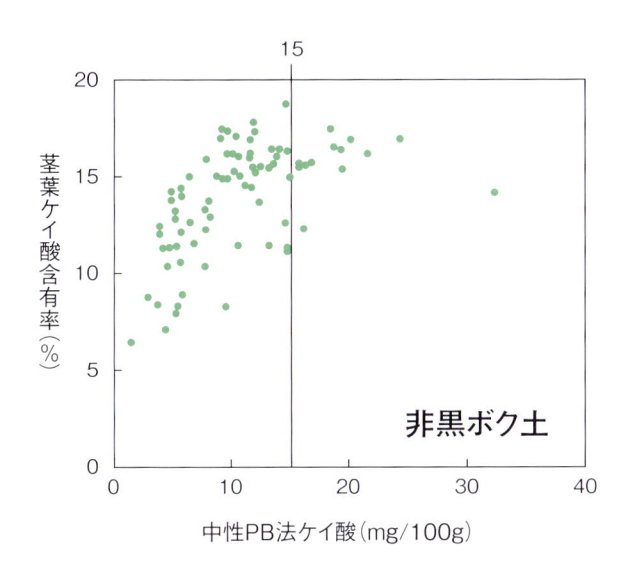

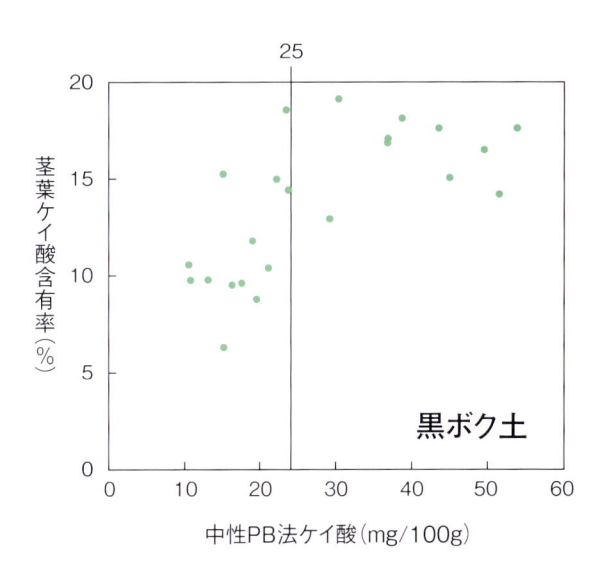

暫定基準:非黒ボク土15mg/100g、黒ボク土25mg/100g

図Ⅱ-6　中性PBで抽出されたケイ酸量と水稲の茎葉ケイ酸含有率の関係

## (4) ケイ酸の改良方法

$$\text{不足 SiO}_2\text{量(kg/10a)} = (\text{目標ケイ酸量} - \text{測定値})\text{mg/100g} \times \text{仮比重}^{注} \times \frac{\text{作土深 cm}}{10\text{cm}}$$

注:仮比重とは土壌の比重のことで、実測値がない場合は土壌タイプごとの大まかな数値を使います(P12表Ⅰ-5参照)。

Ⅱ 土壌化学性の改良

## 8 腐植

### (1) 腐植とは

　腐植とは土壌に含まれる有機物のことで、土壌の物理性、化学性、生物性を良好にするための重要な物質であり指標です。

　有機物は、微生物によって時間の経過とともに分解していくうえに、気温が上がったり、耕うん作業等により土壌の構造が破壊されたり、酸素供給量が多くなると分解が一層すすみ、量が減少していきます。

- ●気温の上昇
- ●耕うん
- ●酸素供給量のアップ

→ 分解のスピードがアップ → 有機物の量が減少

**そこで堆肥を投入**

　土壌の有機物の量を保つには、堆肥などを施用して供給する必要がありますが、過ぎたるは及ばざるが如し。大量に施用すると、窒素の流亡やリン酸過剰など、土壌に悪影響を与えるので、適正量を施すようにしましょう。

### (2) 腐植の測定方法

　全農法（熊田式簡便法）として、土壌をピロリン酸ナトリウム・水酸化ナトリウム液で浸出し、この溶液の色から測定します。

　標準分析方法としては、乾式燃焼法（NCアナライザーなど）などで求めた全炭素に1.724を乗じた値を用いますが、この方法は専用の機器が必要です。

> でも、全農法でかんたんに分析できますので、心配はご無用！

## (3) 腐植の目標値

　地力増進基本指針では、腐植の目標値は水田（灰色低地土など）で乾土当たり2％以上、普通畑（灰色低地土など）で3％以上となっています。

表Ⅱ-18　地力増進基本指針における土壌有機物含有量の改善目標

| 作　目 | 土壌の種類 | 目　標<br>（乾土100g当たり） |
|---|---|---|
| 水　田 | 灰色低地土、グライ土、黄色土、褐色低地土、灰色台地土、グライ台地土、褐色森林土 | 2g以上 |
|  | 多湿黒ボク土、泥炭土、黒泥土、黒ボクグライ土、黒ボク土 | ― |
| 普通畑 | 褐色森林土、褐色低地土、黄色土、灰色低地土、灰色台地土、泥炭土、暗赤色土、赤色土、グライ土 | 3g以上 |
|  | 黒ボク土、多湿黒ボク土 | ― |
|  | 岩屑土、砂丘未熟土 |  |
| 樹園地 | 褐色森林土、黄色土、褐色低地土、赤色土、灰色低地土、灰色台地土、暗赤色土 | 2g以上 |
|  | 黒ボク土、多湿黒ボク土 | ― |
|  | 岩屑土、砂丘未熟土 | 1g以上 |

## (4) 腐植の改良方法

　有機物を施用したからといって、すぐに土壌中の腐植含有量をあげることは一般的に困難です。また、有機物を多く施用すると窒素などの養分過剰となる可能性があるので、一時的に施用できる量には限界があります。

　そのため、腐植含有量を改善するには、堆肥などを連用して、長年の集積効果を利用することが大切です。

Ⅱ 土壌化学性の改良

## 9 鉄含量

### (1) 鉄含量と作物生育

#### ① 水田では

　一般に日本の土壌には鉄が多く含まれていますが、老朽化した水田では作土から鉄が溶脱してしまい、少なくなっている場合があります。

　水稲は鉄欠乏による生育障害を受けることは少ないのですが、遊離酸化鉄は有害な硫化水素と結合して無害の硫化鉄となり、水稲の根を守る働きがあります。このため、鉄（遊離酸化鉄）が少なくなると、土壌に硫化水素が発生しやすくなり、根ぐされの原因となり、いわゆる「秋落ち」が生じる可能性があります。それを防ぐために、水田では適正な鉄レベルとなるように管理することが重要です。

#### ② 畑では

　一方、畑土壌では鉄欠乏は発生しにくく、発生したとしても、土壌の鉄自体が欠乏していることは少なく、他の要因（例えば土壌 pH が高いアルカリ性土壌になっているため、鉄が溶けにくくなっている）による場合がほとんどです。そのため、土壌に鉄資材を施用しても鉄の吸収量を増加させることは難しく、鉄の吸収を妨げている要因を取り除かない限り、鉄欠乏は解消できません。

## （2）鉄含量の測定方法

　　土壌を浅見・熊田変法（$Na_2S_2O_4$ － EDTA法）で抽出し、比色法で測定します。測定値は $Fe_2O_3$％で表示します。

## （3）鉄含量の目標値

　　地力増進基本指針では、水田の遊離酸化鉄として0.8％以上となっていますが、1.5～4％程度が望ましいでしょう。

## （4）鉄含量の改良方法

　　水田の遊離酸化鉄が少ない場合は、次のような対策をとります。

① 土壌に含鉄資材（転炉さいなど）を施用します。

② 作土から鉄が溶脱して、下層に移動していることがあるので、その層を堀り上げ、作土と混合することで、作土層の鉄含量を改善することも可能です（天地返し）。ただし、その場合には、作土およびすき床層とその直下5～10cm程度の土層の遊離酸化鉄含有量を測定し、さらに不足する成分を含鉄資材で補う必要があります。

# Ⅲ 施肥診断の基礎

## 1 施肥量の基本的な考え方

　作物が生育するのに必要な養分は、根から吸収されます。しかし、土壌には必ずしも十分な養分があるとは限りませんので、不足する養分は肥料として施肥する必要があります。

　施肥量は収穫物として土壌から取られる養分（＝作物が吸収した養分）を補うことを基本に決めています。ただし、施肥した肥料の養分がすべて作物に吸収されるのではなく、一部は水とともに下層に溶脱したり、土壌に吸着されたり、作物に吸収されない形態（たとえば、リン酸の固定）に変化します。そのため、作物の養分吸収量より多い量を肥料として施肥するのが一般的です。

　各都道府県には作物や作型に応じた標準施肥量が設定されています。まずは土壌診断を行ない、土壌の養分状態に応じて、施肥量を調整することが重要です。

＜吹き出し＞溶脱や吸着を考えて、養分吸収量より多めに施肥を

＜吹き出し＞ただし、都道府県の施肥基準や土壌診断結果を参考にね

## 2 施肥量を決める要因

### （1）作物生産に必要な養分―目標収量を達成するのに必要な量を知る

　作物が吸収した養分量を収量で割った値（100kg当たりに換算する）を**必要養分量**といい、施肥量を求めるための基礎的な数値の一つです。

$$必要養分量(kg/100kg) = \frac{作物の養分吸収量(kg)}{作物の収量(kg)} \times 100$$

　表Ⅲ－1から、籾100kg収穫するには、窒素1.7kg、リン酸0.8kg、カリ3.0kgが必要ということがわかります。

表Ⅲ-1　生産物100kgを生産するのに必要な養分量（kg）の目安

| 作　物 | N | $P_2O_5$ | $K_2O$ |
|---|---|---|---|
| イネ（籾） | 1.7 | 0.8 | 3.0 |
| コムギ | 2.8 | 1.3 | 2.9 |
| ダイズ | 7.3 | 1.3 | 5.7 |
| バレイショ | 0.4 | 0.2 | 0.8 |
| キュウリ | 0.2 | 0.1 | 0.3 |
| トマト | 0.3 | 0.1 | 0.4 |
| ナス | 0.3 | 0.1 | 0.5 |
| キャベツ | 0.5 | 0.1 | 0.7 |
| ホウレンソウ | 0.5 | 0.2 | 0.6 |
| タマネギ | 0.3 | 0.1 | 0.5 |
| ニンジン | 0.4 | 0.2 | 0.7 |

（長谷川、1985より作表）

## （2）天然供給量と土壌の可給態養分量

### ― 元々土壌にある養分量、かんがい水などから供給される量、作物が吸収できる養分量を知る

- **天然供給量**とは、無肥料で栽培したときに作物が土壌やかんがい水などから吸収する養分の量をいいます。
- **土壌の可給態養分量**とは、作物が栽培期間中に吸収できる土壌の養分量のことで、その量は天然供給量から、土壌以外のかんがい水などから供給された養分量を差し引いた値です。

**土壌の可給態養分量　＝　天然供給量　－　土壌以外のかんがい水などからの養分量**

しかし、この値を求めることは困難なため、普通は一定の抽出液で土壌を抽出し、抽出される養分の値を使います。

まったく施肥をしない田んぼに苗を植えても、お米は収穫できるんだ。量は通常より少ないけどね

それは、イネが土壌やかんがい水などから成長に必要な養分を吸収するからじゃ。すなわち天然供給量というやつよ

無肥料栽培

Ⅲ 施肥診断の基礎

## (3) 肥料養分の利用率
### ― 施肥した肥料成分の何％が作物に吸収されるのかを知る

　P44「施肥量の基本的な考え方」で説明したように、施肥した肥料の養分は全て作物に吸収されるわけではありません。施肥した肥料養分のうち作物が実際に吸収した量を、施肥量で割った値を利用率といいます。たとえば、窒素の場合は以下の式で求めます。

$$窒素の利用率（\%） = \frac{（窒素施肥区の窒素吸収量）－（無窒素区の窒素吸収量）}{（施肥した窒素量）} \times 100$$

　肥料のおおまかな利用率は表Ⅲ－2のように肥料養分によって異なります。また、土壌、作物、肥料の種類、施肥法によって大きく異なります。

表Ⅲ－2　肥料養分の利用率

| 成　分 | 利用率（％） |
|---|---|
| 窒素 | 30～60 |
| リン酸 | 5～20 |
| カリ | 40～70 |

（前田 1984、上野 2001より作表）

## 3　施肥基準を入手する

　作物の施肥基準はその地域の気象条件や土壌条件、作物の種類・品種、目標収量によって異なります。そこで各都道府県では独自に作物の施肥基準を定めています。都道府県別の各種作物の施肥基準については、各地域の普及センターもしくは県試験場などの農業技術指導機関に問い合わせるか、農林水産省の環境保全型農業関連情報のホームページ（http://www.maff.go.jp/sehikijun/top.html）から入手することができます。

## 4　施肥量の算出方法

　施肥量を決める要因と施肥基準から、作物に必要な施肥量を計算します。ここでは細かい補正は除いて、計算のおおまかな流れを説明します。

## (1) 養分吸収量からの算出方法

　① 目標収量に必要な必要養分量を求める
　② ①から天然供給量を引き、肥料の利用率から施肥する成分量を求める
　③ 施肥する肥料（銘柄）の成分含有率（保証値など）から必要な施肥量が出る
　これを式にすると次のようになります。

－46－

$$\text{施肥量(kg/10a)} = \frac{\text{必要養分量(kg)} - \text{天然供給量(kg)}}{\text{肥料の利用率(\%)}/100} \times \frac{100}{\text{施肥肥料の成分含有率(\%)}}$$

【計算例】

水稲の窒素分で計算してみましょう。計算を簡単にするため数字は仮定のものにしています。

- 目標収量：玄米600kg
- 玄米100kgを生産するのに必要な養分量：3kg
- 天然供給量：7kg
- 肥料の利用率：50%
- 施肥する肥料（Zという名前にします）に含まれる窒素成分：20%

①まず、目標収量を生産するのに必要な養分量は　600÷100×3＝18(kg)　…A
②Aから天然供給量を引きます　18－7＝11(kg)　…B
③肥料の利用率が50%→半分しか使われない→その分多くする
　→この場合は2倍(100÷50)。B×2＝22(kg)
④Zの窒素成分が20%なので　22×100÷20＝110(kg)
となり、窒素成分だけ見ると、Z肥料が110kg必要なことになります。
リン酸とカリも同じです。

## (2) 土壌診断にもとづく算出方法

### ① 窒素

　土壌窒素の形態変化は速く、溶脱や脱窒などで失われる量も多いので、土壌診断結果で施肥量を調節することは一般に困難です。また栽培期間中に堆肥など有機態窒素が無機化するため、その量も予測しなければ正確な判断はできません。そのため培養試験を行って出てくる窒素量を目安にしますが手間と時間が大変かかります。

　ただし、水田では、最高分げつ期までの作土中のアンモニア態窒素の量から追肥の必要性や量を判断できます（水稲の場合は葉色も確認しましょう）。

## ② リン酸、カリ

　リン酸、カリは過剰蓄積がみられることから、土壌診断にもとづいて施肥量を調節する方法が各地で検討されていますが、まだ統一的な見解は得られていません。リン酸の一例は表Ⅲ－3のとおりです。詳しくはⅤ章を参照してください。

表Ⅲ－3　野菜類の有効態リン酸の基準値とリン酸施肥量補正の目安

| 診　断 | 有効態リン酸<br>（mg/100g乾土） | リン酸肥料<br>施肥量の補正 |
|---|---|---|
| 少ない | 10以下 | 基準施肥量の120％ |
| やや少ない | 10〜20 | 基準施肥量 |
| 適　正 | 20〜50 | 基準施肥量 |
| やや多い | 50〜80 | 基準施肥量の80％ |
| 多　い | 80〜100 | 基準施肥量の50％ |
| 過　剰 | 100以上 | リン酸無施肥 |

（加藤、1996）

## （3）家畜ふん堆肥中の養分を考慮した算出方法

　土づくりなどで、窒素分の供給として家畜ふん堆肥などを多量に施用する場合は、その中の窒素分以外の肥料成分も無視できないので、その量を考慮して施用量を判断します（必ず成分をチェックした、家畜ふん堆肥を使います）。

　牛ふん堆肥ではカリ分が、豚ぷん堆肥ではリン酸分が、鶏ふん堆肥ではリン酸分および石灰分が過剰になりやすいので、連用している場合は、必ず土壌診断を行ない、それら成分の減肥も考えます。

ちょっと待った！畑に入るのは成分を調べてからじゃ！

## ① 施用量算出の考え方

考え方のポイントは以下の3点です。
- 家畜ふん堆肥は基肥を代替する資材と位置づける。家畜ふん堆肥は速効性ではないので追肥には向かない。
- 家畜ふん堆肥の肥料成分は、肥効率を掛けて、有効成分量（化学肥料相当量）に換算する。
- 家畜ふん堆肥の施用量は、まず窒素について算出し、リン酸、カリが過剰になった場合には、施用量を減らす。

## ② 代替率を使って家畜ふん堆肥の施用量を決める－化学肥料（窒素成分）削減量

まず、施肥基準などを参考にして必要な基肥養分量を決めます。そのうち、窒素についてその何割を家畜ふん堆肥に置き換えるかを決めます。これを**代替率**といいます（P50、図Ⅲ－1参照）。代替率0％は化学肥料のみ施用の場合であり、代替率100％は家畜ふん堆肥のみ施用の場合です。通常、家畜ふん堆肥の窒素代替率は30％以下とします。代替率を高くすると、家畜ふん堆肥から供給されるいずれかの養分（リン酸、カリ）が過剰になることが多いためです。一方、リン酸とカリの代替率は最大100％とします。

必要基肥養分量に代替率を乗じた値が、家畜ふん堆肥から供給される養分量となります。化学肥料と同じ量の養分を供給するのに必要な堆肥の量は下記の式で計算します。

$$\text{堆肥施用量(kg/10a)} = \frac{\text{【必要基肥養分量(kg/10a)】} \times \text{【代替率(\%)】}/100}{\text{【堆肥養分含有率(\%)】}/100} \times \frac{100}{\text{【肥効率(\%)】}}$$

式を整理すると、

$$\text{堆肥施用量(kg/10a)} = \frac{\text{【必要基肥養分量(kg/10a)】} \times \text{【代替率(\%)】} \times 100}{\text{【堆肥養分含有率(\%)】} \times \text{【肥効率(\%)】}}$$

になります。

Ⅲ 施肥診断の基礎

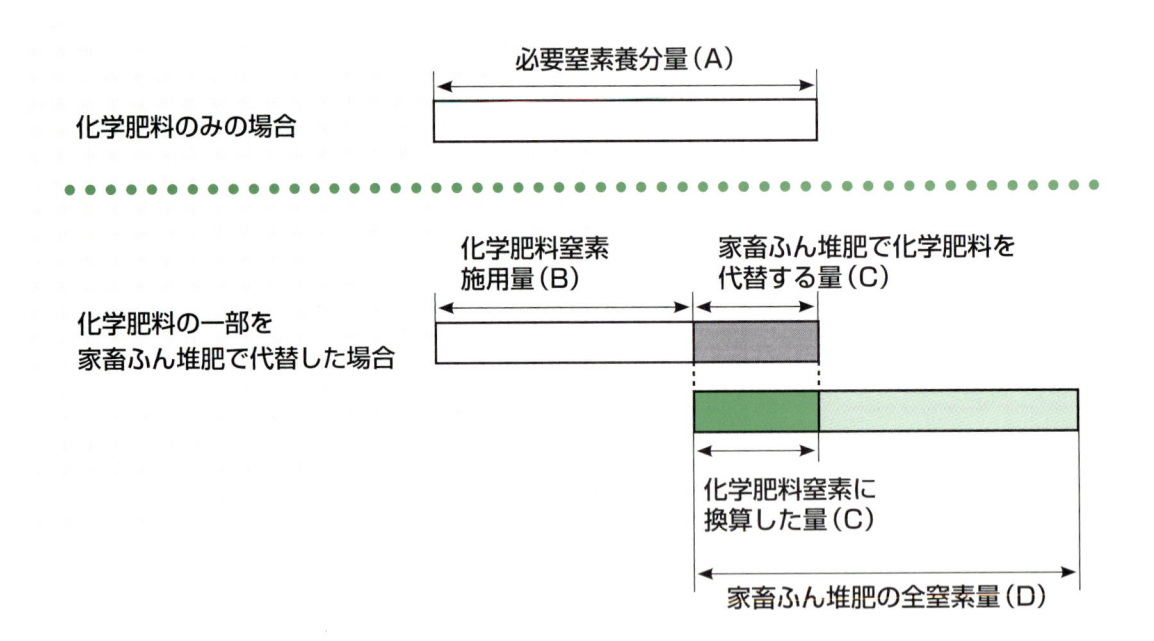

```
                        必要窒素養分量（A）
                    ←――――――――――――――→
化学肥料のみの場合   □□□□□□□□□□□□□□□

- - - - - - - - - - - - - - - - - - - - - - - - - - - - -

                   化学肥料窒素      家畜ふん堆肥で化学肥料を
                   施用量（B）       代替する量（C）
                ←――――――――→      ←――――→
化学肥料の一部を   □□□□□□□□□□□□ ■■■■
家畜ふん堆肥で代替した場合
                                    ■■■■□□□□□□□□
                                    ←――→
                                    化学肥料窒素に
                                    換算した量（C）
                                    ←――――――――――→
                                    家畜ふん堆肥の全窒素量（D）
```

窒素代替率（％） ＝ C ÷ A × 100
窒素肥効率（％） ＝ C ÷ D × 100

図Ⅲ－1　家畜ふん堆肥中窒素の代替率と肥効率の考え方　　　　　　　　　　（千葉県、2009）

## ③ 肥効率

　肥料取締法では、家畜ふん堆肥の品質表示基準で窒素・リン酸・カリの三要素の全量を表示するよう義務づけています。しかし、この値は有機態と無機態の全量（合計量）を表示しているだけで、この全てが化学肥料と同じように効くわけではありません。家畜ふん堆肥の施用量を求めるのには、**肥効率**を用いて計算すると便利です。

### ● 肥効率とは

　肥効率とは、化学肥料の各養分量の利用率（化学肥料の養分のうち作物に吸収される割合）を100％とした時の家畜ふん堆肥に含まれる各養分量の利用率の割合です。化学肥料と同等ならば肥効率は100％、化学肥料の半分なら50％となります。
　たとえば、家畜ふん堆肥に含まれる窒素量の肥効率を30％とすると、「家畜ふん堆肥中に含まれる窒素量の30％が作物に吸収される」という意味ではなく、「**化学肥料における窒素量の利用率を50％とすると、50％に対する30％の割合である15％（50％×30/100＝15％）が作物に吸収される**」という意味です。

● 家畜ふん堆肥の肥効率

　家畜ふん堆肥の肥効率については多くの研究がありますが、その一例を表Ⅲ－4に示しています。注意したいのは、表Ⅲ－4で示したように、「家畜ふん堆肥の全窒素含有率」で、窒素の肥効率が異なることです。

　家畜ふん堆肥の全窒素含有率と肥効率との間には相関関係があることが知られています。このことは、**家畜ふん堆肥の窒素の肥効率は、副資材によって区別される家畜ふん堆肥の種類ではなく、家畜ふん堆肥の窒素含有率によって区別できる**ことを意味しています。

表Ⅲ－4　家畜ふん堆肥の肥効率の一例

| 家畜ふん堆肥の種類 | 堆肥の窒素含有率（現物当たり） | 肥効率（％） | | |
|---|---|---|---|---|
| | | 窒素 | リン酸 | カリ |
| 鶏ふん堆肥 | 0～1.6％ | 20 | 80 | 90 |
| | 1.6～3.2％ | 50 | 80 | 90 |
| | 3.2％以上 | 60 | 80 | 90 |
| 豚ぷん堆肥<br>牛ふん堆肥 | 0～1％ | 10 | 80 | 90 |
| | 1～2％ | 30 | 80 | 90 |
| | 2％以上 | 40 | 80 | 90 |

（千葉県、2009）

注：水分は鶏ふん堆肥で20％、豚ぷん・牛ふん堆肥で50％とした。

## ④ 肥効率を用いた窒素・リン酸・カリの削減量の計算

　家畜ふん堆肥養分の肥効率がわかれば、家畜ふん堆肥中から作物に吸収される養分量を計算でき、下記の式から、家畜ふん堆肥から作物に吸収された量と同じ量の養分を吸収させるのに必要な化学肥料養分量、すなわちどれだけ化学肥料を減らせるかが計算できます。

化学肥料養分削減可能量（kg/10a）
＝【堆肥施用量（kg/10a）】×【堆肥養分含有率（％）】/100×【肥効率（％）】/100

## Ⅲ 施肥診断の基礎

　たとえば、豚ぷん堆肥の成分を全窒素1.8%、全リン酸3.6%、全カリ1.5%とします。そして、基肥として、窒素18kg/10a、リン酸30kg/10a、カリ27kg/10aを施肥する場合、窒素の30%を豚ぷん堆肥で代替するとします。

　以下に計算結果を載せます。窒素の代替率を30%とすると、堆肥の施用量は1000kg/10a、基肥化学肥料窒素施肥量は12.6kg/10a、基肥化学肥料リン酸施肥量は1.2kg/10a、基肥化学肥料カリ施肥量は13.5kg/10aとなります。

---

堆肥の施用量はP49の式に必要な数字を代入して

$$\frac{【必要基肥養分量18kg/10a】×【代替率30\%】×100}{【堆肥窒素含有率1.8\%】×【肥効率30\%】} = 1000kg/10a$$

基肥として施肥する化学肥料窒素量を計算します。
基肥必要量18kgのうちの30%（5.4kg）を堆肥で代替したので

**【基肥化学肥料窒素施肥量】＝18－5.4＝12.6kg/10a**

堆肥から持ち込まれる化学肥料相当リン酸量（削減可能量）はP51の式に代入して

**【堆肥から持ち込まれる化学肥料相当リン酸量】**
　＝1000kg/10a×【堆肥リン酸含有率3.6%】/100×【肥効率80%】/100
　＝28.8kg/10a

基肥必要量30kg/10aのうちの28.8kg/10aを堆肥で代替したので

**【基肥化学肥料リン酸施肥量】＝30－28.8＝1.2kg/10a**

堆肥から持ち込まれる化学肥料相当カリ量（削減可能量）もP51の式に代入して

**【堆肥から持ち込まれる化学肥料相当カリ量】**
　＝1000kg/10a×【堆肥カリ含有率1.5%】/100×【肥効率90%】/100
　＝13.5kg/10a

基肥必要量27kg/10aのうちの13.5kg/10aを堆肥で代替したので

**【基肥化学肥料カリ施肥量】＝27－13.5＝13.5kg/10a**

---

（西尾、2007を一部改変）

# Ⅳ 処方箋作成の基礎

## 1 土壌改良の資材施用量の算出手順

　土壌診断では、まず、pH、EC、有効態リン酸、交換性石灰・苦土・カリが重要な項目です。水田ではさらに、有効態ケイ酸と遊離酸化鉄が加わります。

　これらの改良に使用する資材（肥料など）には、第一目的となる成分以外に副成分が含まれているので、その関係を整理します。

　必要な資材の種類と量を計算する場合は、不足度合いの大きな項目の中で効果の大きいものを対象にします。改良のステップは表Ⅳ－1のとおり考えます。

表Ⅳ－1　土壌養分状態の改良ステップ

| ステップ | 項目 | 改良の手段・資材 | 副成分など |
|---|---|---|---|
| 1 | pH | pHの高低により使用する資材を決める | |
| 2 | EC | 深耕 | 希釈効果[注] |
| 3 | 有効態リン酸 | リン酸質肥料 | Ca、Mg、Si |
| 4 | 交換性カリ | カリ質肥料 | Mg、Si |
| 5 | 遊離酸化鉄（水田） | 含鉄資材 | Ca、Si |
| 6 | 有効態ケイ酸（水田） | ケイ酸質肥料 | Ca、Mg |
| 7 | 交換性苦土 | 石灰質肥料　苦土肥料 | Ca |
| 8 | 交換性石灰 | 石灰質肥料 | Mg |
| 9 | 微量要素 | 微量要素肥料など | 肥料の副成分 |
| 10 | pHの調整 | 炭カルなど | |
| 11 | 使用資材の決定 | | |

注：深耕により下層土が混入するため、ほとんどの成分が希釈され濃度が薄まります。

### Ⅳ 処方箋作成の基礎

## pH

土壌のpHは主に塩基飽和度と無機態窒素の形態と量に影響を受けます。

### pHが高い場合
① pHが高い場合は塩基飽和度も高いことが多いので、まず下層土と混合して改良できないか考え、可能ならば深耕します。
② それでもダメな場合は硫黄華などのpH調整剤を撒きます。下層土との混合をするほどではありませんが、pHが高い場合には基肥に生理的酸性肥料を選択します。

### pHが低い場合
土壌のpHが低い場合は、炭カルなどのアルカリ分を含んだ肥料を施用し、同時に塩基も補給します。

---

● **生理的酸性肥料**

化学的には中性ですが、作物に肥料成分が吸収された後、土壌に酸性の副成分が残る肥料のことです。このような肥料には、硫安、塩安、硫酸加里、塩化加里などがあります。これらの肥料が土壌を酸性化するのは、肥料成分であるアンモニアやカリが作物に吸収された後、土壌中に酸性物質である硫酸イオンや塩素イオンなどの副成分が残るからです。

● **生理的中性肥料**

作物に肥料成分が吸収された後、土壌中に酸性あるいはアルカリ性になる副成分を残さない肥料のことです。このような肥料には、尿素、硝安、燐安、過リン酸石灰などがあります。

● **生理的アルカリ性肥料**

作物に肥料成分が吸収された後、土壌中にアルカリ性の副成分が残る肥料のことです。このような肥料に石灰窒素、ようりん、硝酸ソーダなどがあります。石灰窒素やようりんなどは石灰を含んでいるので酸性土壌を改良する効果が高いです。

---

(藤原・安西・小川・加藤、1998)

---

● **アルカリ分**

肥料に含まれる可溶性石灰(0.5M【モル濃度 mol/L】の塩酸溶液に溶解する石灰)量あるいは可溶性石灰と可溶性苦土(0.5Mの塩酸溶液に溶解する苦土)を酸化カルシウムに換算した量の合計量(CaO=MgO×1.3914)。石灰質肥料の土壌酸度矯正力を示します。

## EC

① 塩類が集積しECが高い場合は、まず下層土と混合して改良できないか考えて、可能ならば深耕します。
② それでも不十分な場合は、クリーニングクロップを栽培して、過剰な肥料成分を吸収させます。

## リン酸

　土づくり肥料のリン酸質肥料の中に、副成分として石灰（アルカリ分）、苦土、ケイ酸が含まれるので、この量も計算に入れます。

### ●肥料リン酸分の水溶性とく溶性成分

　リン酸質肥料のリン酸分の表示には水溶性（WP）と可溶性（SP）、く溶性（CP）があります。作物の吸収できるリン酸は水に溶けるリン酸であるため、水溶性リン酸を含む肥料は速効性です。日本の土壌は火山灰土壌が多く、リン酸固定力が強いため、水溶性リン酸を含む肥料を施用すると、作物に吸収される前に不可給化（作物に吸収されにくい）します。そのため、水溶性リン酸を含む肥料を施用する場合は、土壌に直接触れないよう堆肥と混ぜて施用する必要があります。

　一方、く溶性リン酸は肥料公定分析法で2％のクエン酸に溶解するリン酸と定められています。く溶性リン酸を含む肥料のリン酸分は水に溶けず、薄い酸に溶けるため、肥効は緩効的です。く溶性リン酸を含む肥料を施用すると、作物の初期生育には効きが悪いのですが、雨水による流亡や土壌のリン酸固定力の強い土壌で不可給化することなく、肥効に持続性があります。

　可溶性リン酸はアルカリ性のクエン酸液（ペーテルマン液）に溶けるリン酸で、可溶性リン酸を含む肥料の肥効は水溶性リン酸を含む肥料とく溶性リン酸の中間であるといわれています。

表Ⅳ-2　主なリン酸肥料の保証成分（一例）

| 肥　料 | 可溶性リン酸（％） | 水溶性リン酸（％） | く溶性リン酸（％） |
|---|---|---|---|
| 化成肥料 14-14-14 | 14 | 11 | 0 |
| 過　石 | 20 | 17 | 0 |
| 重焼燐 | 0 | 16 | 35 |
| ようりん | 0 | 0 | 20 |
| リンスター | 0 | 8 | 30 |
| ダブリン | 0 | 17 | 35 |

注：水溶性リン酸は、く溶性リン酸または可溶性リン酸の内数として表示します。たとえば、表中の化成肥料の場合、14％の可溶性リン酸のうち、11％が水溶性リン酸ということです。

## Ⅳ 処方箋作成の基礎

### カリ（カリウム）

① 不足分を塩化加里や硫酸加里で補う（施用する）場合は、他の塩基類を含まないので、カリの含有率にしたがって施用します。
② 硫酸加里苦土やけい酸加里を施用する場合は、他の副成分も含むので、これらの量も計算に入れます。
　塩化加里や硫酸加里のカリ分は水溶性で、速効性ですが、けい酸加里のカリ分はく溶性なので、緩効的です。

### 苦土（マグネシウム）

　リン酸質肥料やケイ酸質肥料は苦土を含む場合が多いので、これらの施用量から苦土分を計算し、苦土の施用量から差し引きます。

### 石灰（カルシウム）

　土づくり肥料には石灰を含んでいるものが多いので、土づくり肥料の施用量から石灰分を計算して差し引きます。
① 石灰（アルカリ分）を含む肥料は土壌のpHを上げる効果があるため、酸性土壌の改良に効果があります。
② 一方、「畑のカルシウム」（硫酸カルシウム）は石灰を28.5％含み、石灰の溶解度も炭カルの100倍以上で、土壌のpHを変えないタイプも登場しています。ジャガイモのそうか病対策として土壌のpHを下げた状態で、石灰を補給したい場合には有効です。

### ケイ酸

　リン酸質肥料、カリ質肥料、含鉄資材に由来するケイ酸量を計算しておき、この量を差し引いて施用量を求めます。ケイ酸質肥料は、ケイカル（鉱さいケイ酸質肥料）が最も一般的ですが、ケイカル以外に、次のような肥料がケイ酸を含んでいます。

　　けい灰石肥料、軽量気泡コンクリート粉末肥料、熔成りん肥、熔成けい酸りん肥、混合りん酸肥料、
　　鉱さいりん酸質肥料、加工鉱さいりん酸肥料、ケイ酸加里肥料、液体けい酸加里肥料、
　　熔成けい酸加里肥料、混合加里肥料

　　注：肥料取締法上の肥料名称のため実際の商品名とは異なります。

### 酸化鉄

　水田での施用を考えます。含鉄資材は施用量が多いため、資材に含まれる石灰分などは含有率が低くても無視できませんので、その量を計算して、石灰の施用量から差し引きます。

## 微量要素

　微量要素のホウ素とマンガンについては、リン酸質肥料で保証されているものもあります（銘柄名にBMの文字が入っているもの、例えばBMようりんなどの、BはBoron：ホウ素、MはMangan：マンガンの意味）。マンガンについては、ケイ酸質資材に含まれている場合があり、ホウ素はけい酸加里に保証されています。

　欠乏が著しい場合は、微量要素入り肥料を施用します。マンガンとホウ素の両者を含む微量要素複合肥料（FTE）もあります。

> ### ● 植物の必須元素
>
> 　植物の生育に必要な必須元素は炭素、水素、酸素、窒素、リン、カリウム、カルシウム、マグネシウム、硫黄、鉄、マンガン、ホウ素、亜鉛、銅、モリブデン、塩素、ニッケルの17種類です。また、ケイ酸はイネのみ必須なので有用元素と呼ばれています。この中で炭素、水素、酸素以外は根から吸収されるので、土壌に不足する場合は肥料として施用する必要があります。
>
> 　日本では肥料取締法で肥料の主成分として指定されているのは、窒素、リン酸、カリ、苦土、マンガン、ホウ素、ケイ酸、アルカリ分の8成分です。このうちアルカリ分を除く7成分は植物の栄養となる元素ですが、アルカリ分は土壌の反応を変化させる成分です。
>
> 　アルカリ分は石灰（一部は苦土）であり、本来は植物の栄養となる成分ですが、肥料としては土壌酸性の矯正資材として利用されることが多いので、このような表示になっています。硫黄、塩素は肥料の副成分として含まれる量が多く、肥料の主成分には指定されていません。鉄、銅、亜鉛、モリブデンは普遍的に欠乏するわけではないので、肥料の主成分としては扱わず、必要に応じて、肥料の効果発現促進材として肥料に加えることができます。

表Ⅳ-3　主な肥料の成分（一例）

### （1）リン酸質肥料

| 肥料名 | リン酸分(%) | カリ分(%) | 石灰分(%) | 苦土分(%) | アルカリ分(%) | ケイ酸分(%) |
|---|---|---|---|---|---|---|
| 苦土重焼燐 | 35 | － | 20 | 4.5 | － | － |
| 過石 | 17 | － | 25 | － | － | － |
| ようりん | 20 | － | 29 | 15 | 50 | 20 |

### （2）カリ質肥料

| 肥料名 | リン酸分(%) | カリ分(%) | 石灰分(%) | 苦土分(%) | アルカリ分(%) | ケイ酸分(%) |
|---|---|---|---|---|---|---|
| 塩化加里 | － | 60 | － | － | － | － |
| 硫酸加里 | － | 50 | － | － | － | － |
| けい酸加里 | － | 20 | 8 | 4 | － | 34 |

## （3）その他肥料

| 肥料名 | リン酸分（％） | カリ分（％） | 石灰分（％） | 苦土分（％） | アルカリ分（％） | ケイ酸分（％） |
|---|---|---|---|---|---|---|
| 苦土炭カル | － | － | 32 | **15** | 53 | － |
| 水マグ | － | － | － | **50** | － | － |
| 硫マグ | － | － | － | **25** | － | － |
| 炭カル | － | － | 54 | － | **54** | － |
| 消石灰 | － | － | 70 | － | **70** | － |
| 石膏 | － | － | 28.5 | － | － | － |
| ケイカル | － | － | 38 | **5** | **45** | **30** |

注：太字は保証値を示す。

## 2 土づくり肥料の最終設計の検討

　必要な資材が決まった後は、土壌のpH変化に注意します。土づくり肥料にはアルカリ分を含んだ肥料が多く、施用後に土壌のpHがどうなるか推測しておきます。もし、過度にアルカリ化する場合には、資材を変えます。例えば、リン酸質肥料であればアルカリ分の比較的少ないダブリンや苦土重焼燐に変更します。
　それでもpHが高くなる場合には、石灰質肥料ではなく、石膏（硫酸石灰）などを用います。

表Ⅳ－4　土づくり肥料の組み合わせ

| 土壌の状態 | | 土壌改良資材の組み合わせ |
|---|---|---|
| pHの矯正が必要な場合 | リン酸、苦土、石灰が少ない | 1）ようりん　2）苦土石灰　3）炭カルまたは消石灰 |
| | リン酸、苦土が少ない | 1）ようりん　2）水マグ |
| | リン酸、石灰が少ない | 1）ようりん　2）炭カルまたは消石灰 |
| | リン酸が少ない | 1）ようりん |
| | 苦土、石灰が少ない | 1）苦土石灰　2）水マグ |
| | 苦土が少ない | 1）苦土石灰　2）水マグ |
| | 石灰が少ない | 1）炭カルまたは消石灰 |
| pHの矯正が不要な場合 | リン酸、苦土、石灰が少ない | 1）苦土重焼燐　2）硫マグ　3）石膏[注] |
| | リン酸、苦土が少ない | 1）苦土重焼燐　2）硫マグ |
| | リン酸、石灰が少ない | 1）苦土重焼燐または過石 |
| | リン酸が少ない | 1）過石 |
| | 苦土、石灰が少ない | 1）硫マグ＋石膏[注] |
| | 苦土が少ない | 1）硫マグ |
| | 石灰が少ない | 1）石膏[注] |

（群馬県、2004を一部改変）

注：石膏とは「畑のカルシウム」（コープケミカル㈱）など。

## 3 施肥診断の算出手順（基肥肥料投入量の算出）

　最初に、その地域の施肥基準を入手し、作付けする作物の標準施肥量を求めます。土壌のリン酸・カリの分析値が土壌診断の上限値よりも高い場合は減肥基準をもとにリン酸・カリの施肥量（必要基肥養分量）を決定します。

　次に、家畜ふん堆肥を施用する場合は、最初にどれだけの窒素量を家畜ふん堆肥中の窒素で置き換えるのかを決めます（窒素代替率の決定）。これにより家畜ふん堆肥の施用量が決まります。次に、堆肥の施用量に養分含有率と肥効率を掛けて、堆肥中の窒素・リン酸・カリの有効成分量を算出します。そして、堆肥中のリン酸およびカリの有効成分量が必要基肥リン酸およびカリ量を上回らないことを確かめます。もしも、上回っている場合は窒素代替率を下げる必要があります。最後に、不足する窒素・リン酸・カリ分を化学肥料で補うための施肥量を求めます。

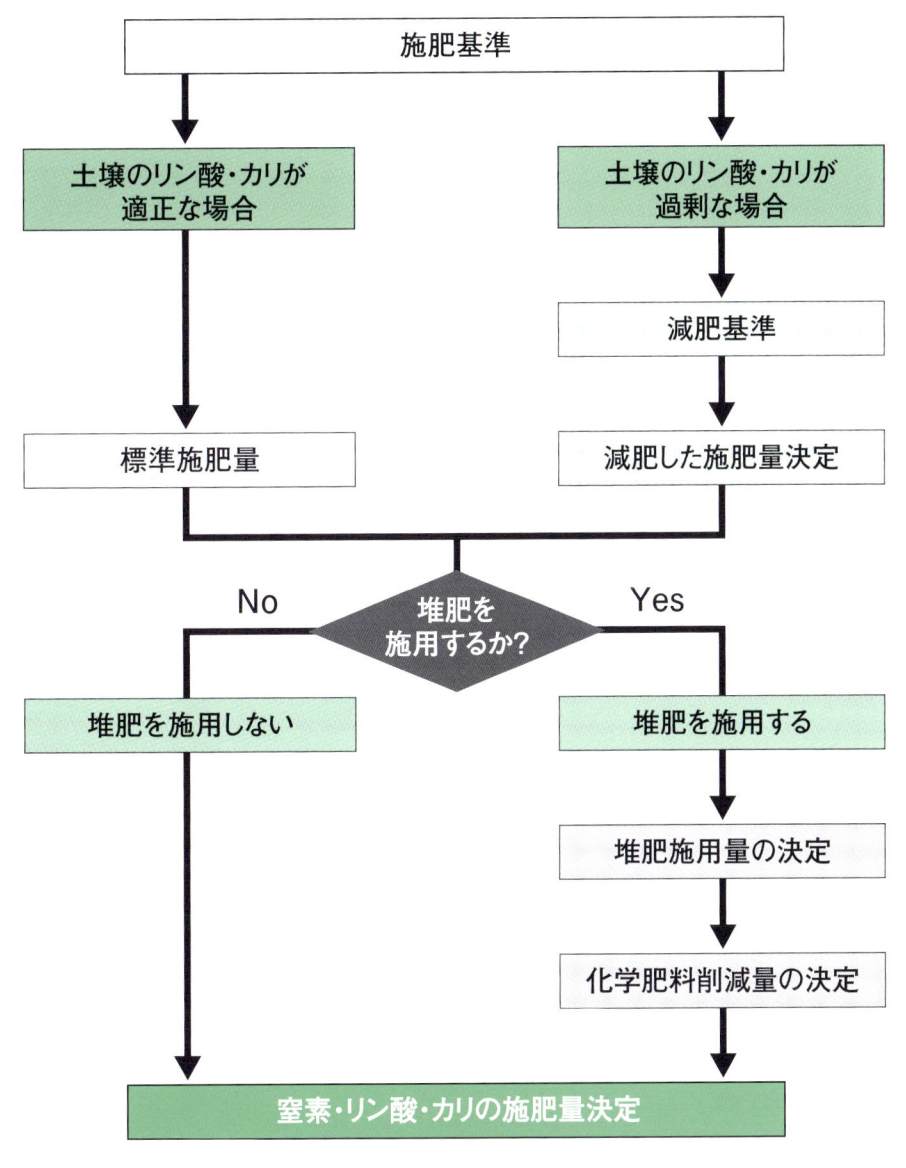

図Ⅳ－1　施肥診断のフロー

## IV 処方箋作成の基礎

## 4 ケース・スタディ －野菜畑土壌の土壌改良と施肥－

ここでは、これまで学んできたことを基に、ある野菜畑土壌に対する土壌改良と施肥アドバイスのケース・スタディをしてみましょう。

### 【ある野菜畑土壌のケース】

ある野菜畑土壌のpH、EC、有効態リン酸、陽イオン交換容量、交換性塩基を測定したところ、pH5.0、EC 0.08mS/cm、$P_2O_5$ 15mg、CEC 18meq、CaO 120mg、MgO 10mg、$K_2O$ 20mgという値が出ました。

なお、この土壌は沖積土の壌土で、作土の厚さは15cmでした。この土壌は養分レベルが高くないため、とりあえず土壌を目標値程度まで改良するのに必要な肥料・資材の量（10a当たり施用量）を求めることにします。目標値から、今回の改良する基準は、表IV－5の目標値を参考に、石灰飽和度50％、苦土13％、カリ3％、有効態リン酸20mgとしました。

さらに生産者は、この圃場にキャベツを定植することにしているので、その場合の基肥のアドバイスも考えます。

なお、本地域のキャベツの施肥基準は表IV－6、該当県のキャベツの減肥基準は表IV－7のとおりです。

表IV－5　野菜畑の土壌改良目標値例

| pH | 塩基飽和度（％） | | | | 有効態リン酸 (mg/100g) | 石灰 苦土 | 苦土 カリ |
|---|---|---|---|---|---|---|---|
| | 石灰 | 苦土 | カリ | 合計 | | | |
| 5.5～6.0 | 40～60 | 10～15 | 2～4 | 60～80 | 20～50 | 5～8 | 2～6 |

表IV－6　キャベツの施肥基準例　　　（kg/10a）

| 要素 | 基肥 | 追肥 | 合計 |
|---|---|---|---|
| 窒素 | 12.0 | 10.0 | 22.0 |
| リン酸 | 20.0 | － | 20.0 |
| カリ | 12.0 | 10.0 | 22.0 |

表IV－7　キャベツの減肥基準　　　（リン酸・カリ）

| 有効態リン酸 （mg/100g乾土） | 減肥基準 | |
|---|---|---|
| | 黒ボク土 | 非黒ボク土 |
| ～30 | 標準施肥 | 標準施肥 |
| 30～50 | 50％減肥 | 80％減肥 |
| 50～ | 無施肥 | 無施肥 |

| 交換性カリ （mg/100g乾土） | 減肥基準 |
|---|---|
| ～44 | 標準施肥 |
| 45～69 | 50％減肥 |
| 70～ | 無施肥 |

（岩手県、2004を参考に作表）

注：岩手県減肥基準を参考に作成。カリについては、CEC20meqの場合

## 考え方

### Step 1　算出に必要な事項の整理

計算に必要な数字を次のように求めます。

①塩基については、目標が飽和度であれば、mg単位へ値を変換します。
②リン酸吸収係数や仮比重が不明な場合は、リン酸施用倍率や仮比重などについては土壌の種類から推定します。

| 項　目 | 測定値 | 改良目標 | 備　考 |
|---|---|---|---|
| pH | 5.0 | 5.5 | |
| 有効態リン酸 | 15mg | 20mg | |
| CEC | 18meq | | |
| 塩基類 | 含有量 | 飽和度 | ※飽和度をmg単位に変換する |
| 石　灰 | 120mg | 50% | 目標値　28×18×50/100=252mg |
| 苦　土 | 10mg | 13% | 目標値　20×18×13/100=47mg |
| カ　リ | 20mg | 3% | 目標値　47×18×3/100=25mg |
| 作土の厚さ | 15cm | — | |
| 仮比重 | 1 | — | |
| リン酸施用倍率 | | 4倍 | （沖積土） |

### Step 2　肥料の選択

pHの矯正が必要であり、塩基、リン酸の分析値は目標値よりが低いため、「ようりん、苦土炭カル、炭カル」で改良することを基本に考えます。

### Step 3　リン酸の改良

$$(20 - 15) \times 4 \times \frac{100}{20} = 100 \text{kg/10a・10cm ようりん}$$

作土15cmのときは、

$$100 \times \frac{\boxed{15}}{10} = 150 \text{kg/10a・15cm}$$
（作土の厚さ）

ようりん100kg中のCaO… $100 \times \frac{29}{100} = 29$ kg/10a・10cm ＝ 29mg/100g 風乾土

ようりん100kg中のMgO… $100 \times \frac{15}{100} = 15$ kg/10a・10cm ＝ 15mg/100g 風乾土

## Ⅳ 処方箋作成の基礎

### Step 4　苦土の改良

不足 MgOmg/100kg… = 47 − $\boxed{10}$<sup style="display:none"></sup> − $\boxed{15}$ = 22

（測定値　ようりんからの施用量）

MgO 22mg を苦土炭カルで施すと、

$$22 \times \frac{100}{15} = 146.67 \cdots \text{kg/10a·10cm} ≒ 147\text{kg/10a·10cm}$$

作土 15cm のときは、

$$147 \times \frac{15}{10} = 220.5 ≒ 221\text{kg/10a·15cm}$$

苦土炭カル中 147kg 中の CaO… $147 \times \dfrac{32}{100} = 47.04\text{kg/10a·10cm} ≒ 47\text{mg/100g 風乾土}$

### Step 5　石灰の改良

不足 CaOmg/100g… = 252 − $\boxed{120}$ − $\boxed{29}$ − $\boxed{47}$ = 56

（測定値　ようりん中 CaO　苦土炭カル中 CaO）

CaO 56mg を炭カルで施すと、

$$56 \times \frac{100}{54} = 103.70 \cdots \text{kg/10a·10cm} ≒ 104\text{mg/100g 風乾土}$$

作土 15cm のときは、

$$104 \times \frac{15}{10} = 156\text{kg/10a·15cm}$$

### Step 6　カリの改良

不足 $K_2O$ mg/100g… = 25 − 20 = 5

$K_2O$ 5mg を硫酸加里で施すと、

$$5 \times \frac{100}{50} = 10\text{kg/10a·10cm} ≒ 10\text{mg/100g 風乾土}$$

作土 15cm のときは、

$$10 \times \frac{15}{10} = 15\text{kg/10a·15cm}$$

## Step 7　土壌改良処方箋の作成

以下のとおりの肥料で改良します。

| 肥　料 | 施用量（kg/10a）（20kg袋数） |
|---|---|
| ①ようりん | 150（8袋） |
| ②苦土炭カル | 221（11袋） |
| ③炭カル | 156（8袋） |
| ④硫酸加里 | 15（1袋） |

## Step 8　基肥のアドバイス

改良した土壌の値でもすべて減肥基準の有効態リン酸30mg以下、交換性カリ44mg以下の場合は標準施肥量の範囲にあるため、特に減肥などは必要なく、キャベツの栽培については通常の施肥基準の施用量（以下の基肥）で大丈夫です。

| 要　素 | 基肥（kg/10a） |
|---|---|
| 窒　素 | 12.0 |
| リン酸 | 20.0 |
| カ　リ | 12.0 |

# IV 処方箋作成の基礎

## 土壌診断処方箋（露地キャベツの例）

○○ ○○ 様

作成日：平成○○年△月□日

| 分析番号 | 00001 |
|---|---|
| 作 物 | キャベツ |
| 土壌の種類 | 沖積壌土 |

### 1. 分析結果

| 分析項目 | 単 位 | 目標値 | 分析値 | 所 見 |
|---|---|---|---|---|
| pH | | 5.5 ～ 6.5 | 5 | 低い |
| EC | | 0.2 ～ 0.5 | 0.08 | 低い |
| 有効態リン酸 | mg/100g | 20 ～ 50 | 15 | 不足 |
| CEC | meq/100g | - | 18 | - |
| 交換性カリ | mg/100g | 17 ～ 34 | 20 | 適正 |
| 交換性苦土 | mg/100g | 36 ～ 54 | 10 | 不足 |
| 交換性石灰 | mg/100g | 200 ～ 300 | 120 | 不足 |
| 塩基飽和度 | ％ | 60 ～ 80 | 29 | 低い |
| 石灰苦土比 | | 5 ～ 8 | 8.6 | 高い |
| 苦土カリ比 | | 2 ～ 6 | 1.2 | 低い |

現在のあなたの土壌の状態

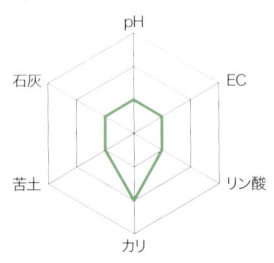

改善後、予想されるあなたの土壌の状態

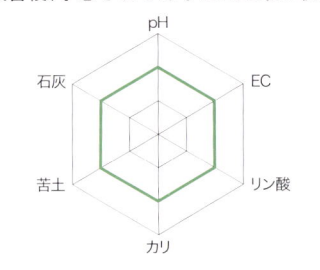

### 2. 総合所見

- pH・塩基飽和度・苦土カリ比が低く、石灰苦土比が高く、リン酸が不足しているので土壌改良資材を施用してください。
- 基肥として基準施肥量を施用してください。

### 3. 肥料名と施用量

単位 kg/10a

| 土壌改良資材 | | | | 基肥 | | | 堆肥 |
|---|---|---|---|---|---|---|---|
| ようりん | 苦土石灰 | 炭カル | 硫酸加里 | 複合燐加安202 | | | |
| 150 | 220 | 160 | 15 | 100 | | | |

## ちょっと一息・3

# ■ 単位などのお話し

### 単位の換算

kg/10a（仮比重1.0、作土10cm）＝1g/100,000g＝mg/100g*

mS/cm（ミリジーメンスパーセンチメートル）＝dS/m（デシジーメンスパーメートル）

meq/100g（ミリイクイバレントパー100グラム）＝cmol(+)/kg（センチモルパーキログラム）

### 10アール当たりの土の重さ

仮比重を1.0、作土を10cmと仮定すると、1辺が1cmの立方体の土の重さ(a)は1gなので、1辺10cmの立方体では

**10×10×10×仮比重1.0＝1,000(g)＝1(kg)……(b)**

1平方メートル（100cm×100cm）、厚さ10cmの土の重さは(b)を100個敷き詰めたのと同じなので、

**1(kg)×100＝100(kg)……(c)**

1アールは10m×10mなので

**(c)×10×10＝10,000(kg)**

よって10アールの土の重さは

**10×10,000＝100,000kg**

となります。

1cm×1cm×1cmの土の塊(a)
仮比重1.0なら1g

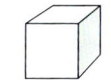

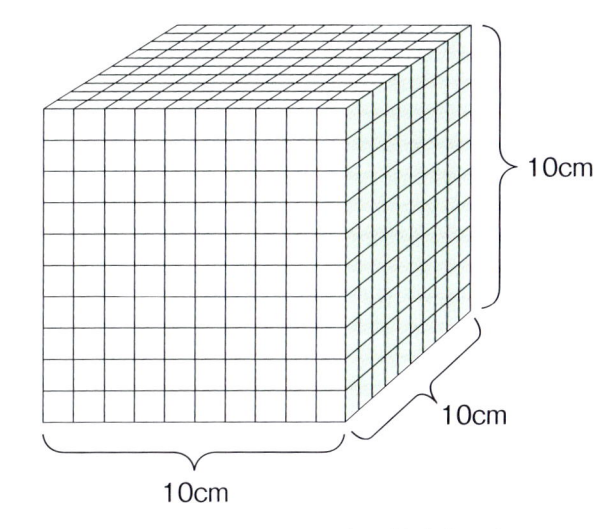

10cm×10cm×10cmの土の塊(b)なら
(a)が1,000個×1g＝1,000g＝1kg

### mg/100g* の意味は

土壌分析で頻繁に使用する単位であるmg/100gの分子、分母を1,000倍すると、g/100kg、さらに1,000倍すると、kg/100,000kgとなります。100,000kgは10a当たりの土の重さと同じなので（ただし、土壌の仮比重1.0、深さ10cm）、mg/100gはkg/10aと同じ意味になります。

例えば土壌中に20mg/100gの有効態リン酸（$P_2O_5$）が含まれているということは、10アールでは20kgの有効態リン酸が含まれているということになります。

通常はmg/100g乾土で示すことから、実際の圃場では土壌の水分を考慮するとともに、仮比重、作土深によって計算し直す必要があります。

# V わが国の耕地土壌における養分実態と全国の減肥基準

## 1 わが国の耕地土壌の実態

　国が実施した土壌環境基礎調査（1979～1998年）と、その後引き続き実施された土壌機能実態モニタリング調査（1999年～）によれば、日本の農耕地は依然として肥料養分が不足しているところがあるものの、リン酸やカリは過剰傾向にあることが明らかになっています。したがって、土壌の養分状態に応じて、施肥量を調整することが重要です。

図Ⅴ-1　水田土壌の有効態リン酸含有量（農水省、2008）

表Ⅴ-1　水田土壌におけるリン酸及びカリの過剰実態（農水省、2008）

| | 水田調査地点数 | リン過剰<br>（20mg$P_2O_5$/100g 以上） | カリ過剰<br>（30mg$K_2O$/100g 以上） |
|---|---|---|---|
| 地点数 | 2,615 | 1,377<br>（52.7％） | 769<br>（29.4％） |

資料：「土壌機能モニタリング調査（99～03）」

注：肥料成分の過剰域設定

・リン酸の過剰域については、地力増進基本指針（平成20年10月16日、農林水産省）に基づき乾土100g当たりの有効態リン酸含有量の上限値を20mg/100gと設定した。
・カリの過剰域については、地力増進基本方針等において設定されていないため、各県で定められている土壌診断基準、JA全農監修「土づくり肥料のQ&A」及び独法研究者への聞き取りを基に、乾土100g当たりの交換性カリウム含有量の適性域（上限値）を推定して設定した。

〔水稲の状況〕

　水稲の場合、土壌中の有効態リン酸が20mg/100g以上あれば、施肥リン酸の効果は明確でないとの試験例がありますが、年とともにリン酸含有量が高まる傾向にあり、4巡目の調査では20mg以上の土壌の割合が50％以上に達しています。

## 〔畑地・樹園地の状況〕

畑土壌や樹園地土壌においてもリン酸、カリの過剰域が拡大傾向にあることがわかります。

**カルシウム**
| 巡目 | 不足域 | 適正域 | 過剰域 |
|---|---|---|---|
| 1巡目 | 13.5 | 29.5 | 57.0 |
| 2巡目 | 11.8 | 30.3 | 57.9 |
| 3巡目 | 11.0 | 29.9 | 59.0 |
| 4巡目 | 12.4 | 31.0 | 56.6 |

**マグネシウム**
| 巡目 | 不足域 | 適正域 | 過剰域 |
|---|---|---|---|
| 1巡目 | 76.2 | 14.0 | 9.7 |
| 2巡目 | 77.5 | 13.8 | 8.7 |
| 3巡目 | 79.1 | 12.8 | 8.1 |
| 4巡目 | 80.1 | 12.5 | 7.4 |

**カリウム**
| 巡目 | 不足域 | 適正域 | 過剰域 |
|---|---|---|---|
| 1巡目 | 6.8 | 62.2 | 30.9 |
| 2巡目 | 6.4 | 62.3 | 31.4 |
| 3巡目 | 5.8 | 64.5 | 29.7 |
| 4巡目 | 6.2 | 60.7 | 33.1 |

資料：土壌環境基礎調査

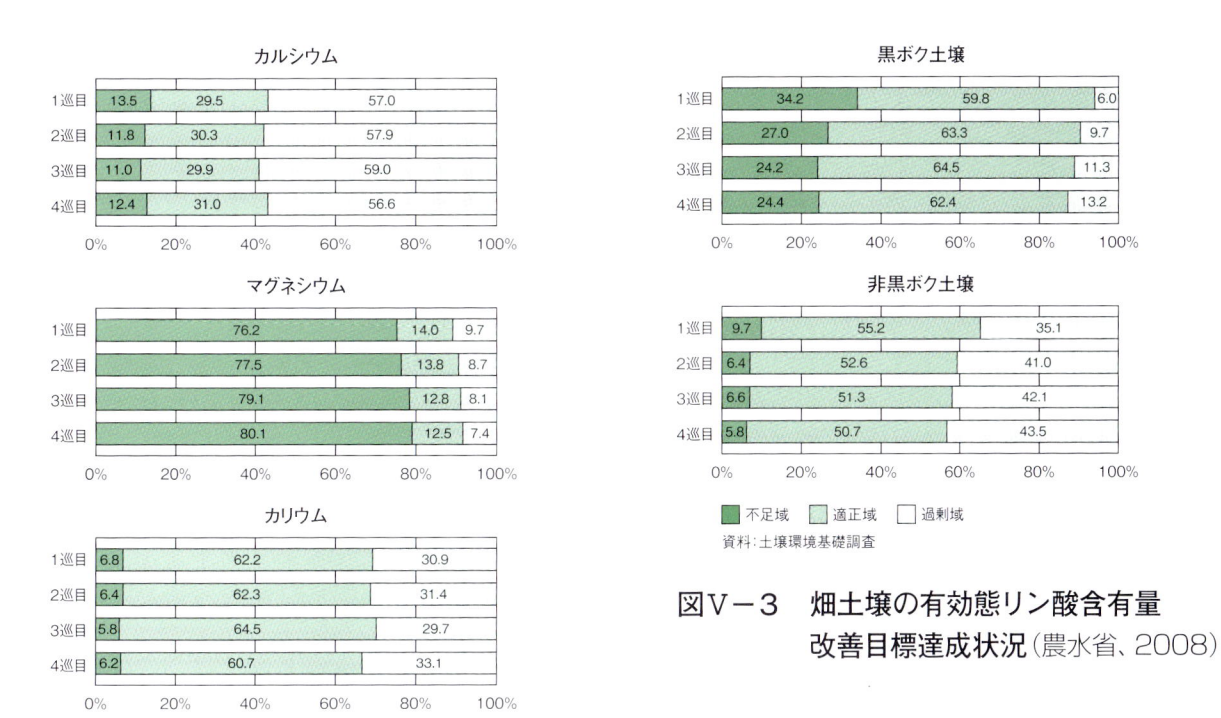

図V-2　畑土壌の塩基組成に係る改善目標達成状況（農水省、2008）

**黒ボク土壌**
| 巡目 | 不足域 | 適正域 | 過剰域 |
|---|---|---|---|
| 1巡目 | 34.2 | 59.8 | 6.0 |
| 2巡目 | 27.0 | 63.3 | 9.7 |
| 3巡目 | 24.2 | 64.5 | 11.3 |
| 4巡目 | 24.4 | 62.4 | 13.2 |

**非黒ボク土壌**
| 巡目 | 不足域 | 適正域 | 過剰域 |
|---|---|---|---|
| 1巡目 | 9.7 | 55.2 | 35.1 |
| 2巡目 | 6.4 | 52.6 | 41.0 |
| 3巡目 | 6.6 | 51.3 | 42.1 |
| 4巡目 | 5.8 | 50.7 | 43.5 |

資料：土壌環境基礎調査

図V-3　畑土壌の有効態リン酸含有量改善目標達成状況（農水省、2008）

**カルシウム（果樹）**
| 巡目 | 不足域 | 適正域 | 過剰域 |
|---|---|---|---|
| 1巡目 | 19.9 | 36.7 | 43.4 |
| 2巡目 | 16.6 | 37.1 | 46.4 |
| 3巡目 | 13.8 | 36.0 | 50.2 |
| 4巡目 | 16.7 | 35.0 | 48.4 |

**マグネシウム（果樹）**
| 巡目 | 不足域 | 適正域 | 過剰域 |
|---|---|---|---|
| 1巡目 | 65.1 | 18.6 | 16.3 |
| 2巡目 | 72.2 | 16.3 | 11.5 |
| 3巡目 | 75.1 | 14.9 | 10.0 |
| 4巡目 | 73.8 | 15.5 | 10.7 |

**カリウム（果樹）**
| 巡目 | 不足域 | 適正域 | 過剰域 |
|---|---|---|---|
| 1巡目 | 2.3 | 65.0 | 32.7 |
| 2巡目 | 2.0 | 59.8 | 38.1 |
| 3巡目 | 1.9 | 63.7 | 34.4 |
| 4巡目 | 2.5 | 60.9 | 36.6 |

**カルシウム（茶）**
| 巡目 | 不足域 | 適正域 | 過剰域 |
|---|---|---|---|
| 1巡目 | 53.8 | 24.7 | 21.5 |
| 2巡目 | 57.2 | 22.8 | 20.0 |
| 3巡目 | 63.8 | 21.9 | 14.2 |
| 4巡目 | 65.9 | 20.3 | 13.8 |

**マグネシウム（茶）**
| 巡目 | 不足域 | 適正域 | 過剰域 |
|---|---|---|---|
| 1巡目 | 70.5 | 11.5 | 17.9 |
| 2巡目 | 64.2 | 15.3 | 20.6 |
| 3巡目 | 66.6 | 19.7 | 13.7 |
| 4巡目 | 70.9 | 16.8 | 12.4 |

**カリウム（茶）**
| 巡目 | 不足域 | 適正域 | 過剰域 |
|---|---|---|---|
| 1巡目 | 1.0 | 19.6 | 79.5 |
| 2巡目 | 0.3 | 15.6 | 84.2 |
| 3巡目 | 0.5 | 13.2 | 86.3 |
| 4巡目 | 0.3 | 12.6 | 87.1 |

資料：土壌環境基礎調査

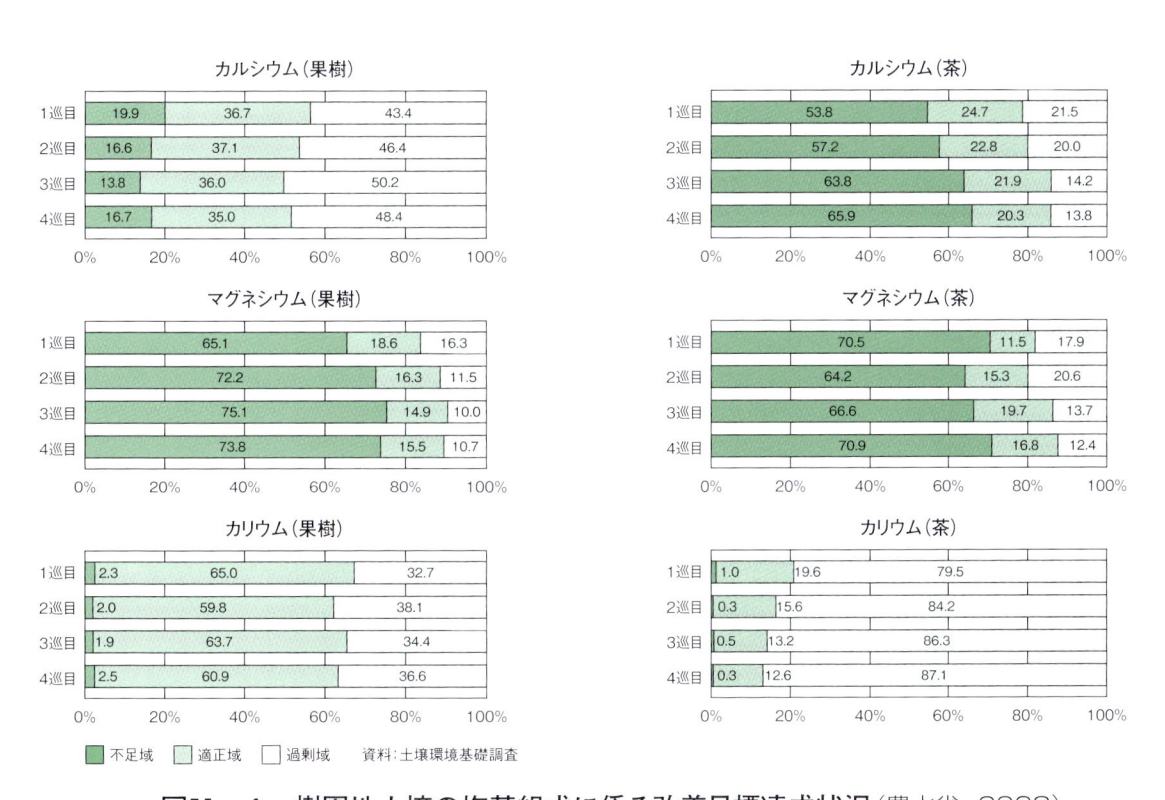

図V-4　樹園地土壌の塩基組成に係る改善目標達成状況（農水省、2008）

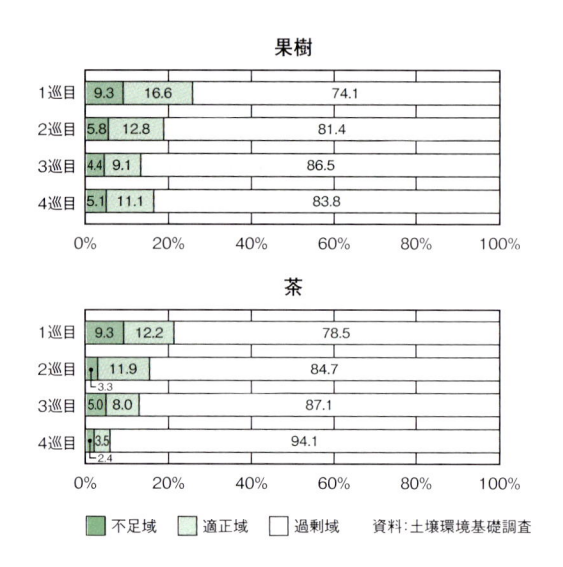

## Ⅴ わが国の耕地土壌における養分実態と全国の減肥基準

図Ⅴ-5 土壌の有効態リン酸含有量に係る改善目標達成状況（農水省、2008）

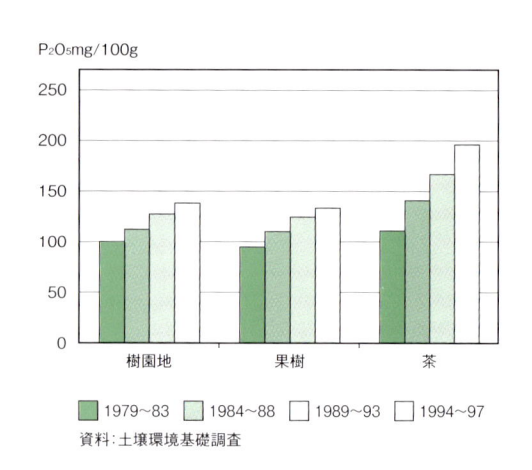

図Ⅴ-6 樹園地土壌における有効態リン酸含有量の推移（農水省、2008）

　リン酸やカリが過剰な耕地では、これらを補給する土づくり資材の施用を中止しても収量や品質に影響は出ません。また、基肥の施用量を調整することで施肥コストを抑制することができます。

## 2　養分過剰土壌での作物生育（リン酸・カリ）

　一般に、作物の収量は土壌中の養分含量が高まるにつれて増加しますが、ある値を境にして頭打ちになったり、低下するようになります。図Ⅴ-7の例では、土壌の有効態リン酸含量が50mg/100gでビール麦は最高収量が得られており、これ以上施肥をしても効果がないことがわかります。これは土壌中にカリが過剰蓄積している場合も同様です。

　言い換えれば、養分過剰の土壌では、通常の施肥量より削減することができるわけです。

　養分過剰土壌において適切な施肥管理をしないと、養分間のバランスが崩れ、作物は養分過剰症あるいは欠乏症を起します。

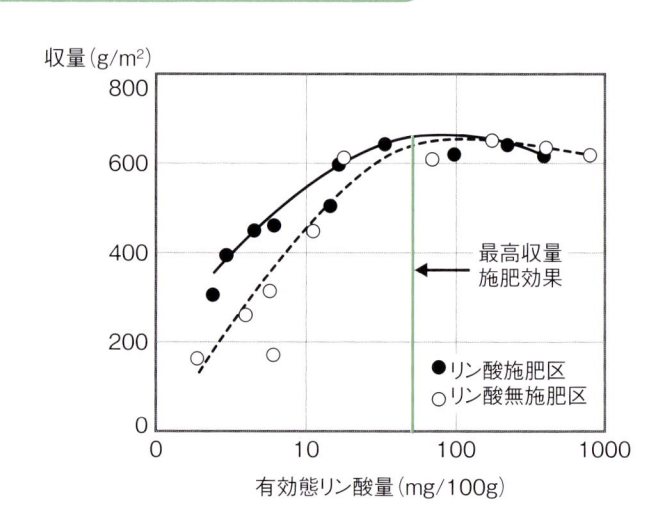

図Ⅴ-7　土壌の有効態リン酸含量とビール麦の収量（千葉県、2002 一部改変）

## (1) リン酸過剰土壌での作物生育

　一般に、リン酸過剰による生育障害は出にくいのですが、最近は野菜畑などで過剰害が報告されています。**過剰害は土壌の有効態リン酸が100〜300mg/100g以上で起こります。**
　リン過剰症状の特徴は葉の先端や葉縁部、葉脈間にクロロシス（白化）が現れることです。リンは作物体内での移動が早く、生長する部位に集積しますので、新葉（上位葉）で含有率が高くなります。しかし、過剰施用されると、古葉（下位葉）での含有率が高くなります。また、リン酸の過剰施用によって、亜鉛や鉄の欠乏が出ることがあります。

表V-2　各作物のリン酸過剰症状

| 作物名 | 特徴的な症状 |
|---|---|
| 水稲（稚苗） | 葉身の褐色条斑、白化 |
| タマネギ | 球の軟弱化による軟腐病などの誘発 |
| キュウリ | 上位葉のカップリング、下位葉の葉脈間の斑点状黄化 |
| ダイコン（夏播き） | 葉枯れ |
| キャベツ | 外葉葉縁部の紫灰〜灰褐色化 |
| 施設スイートピー | 生育不良、葉身の白化 |

（渡辺2002、清水1990、岡本ら2009より作表）

## (2) カリ過剰土壌での作物生育

　土壌中にカリが過剰に存在すると、作物は必要以上にカリを吸収する性質があります（これをぜいたく吸収といいます）。そのため、作物のカリ過剰症状は出にくいのです。カリでは直接的な過剰害よりも拮抗的に苦土の吸収が抑えられて、苦土欠乏が生じる場合が多くなります。カリ過剰による症状の特徴は直接的な害としては葉の巻き上がり、苦土欠乏では葉脈間のクロロシスの発生がみられます。

表V-3　各作物のカリ過剰症状

| 作物名 | 特徴的な症状 |
|---|---|
| キュウリ | 葉縁部の巻き上がり、凸凹化<br>葉脈間の黄化（苦土欠乏類似症状） |
| ミカン | 葉の硬化<br>枝の伸長抑制<br>果皮の厚化 |

（渡辺、2002）

Ⅴ わが国の耕地土壌における養分実態と全国の減肥基準

## 3 全国の減肥基準

　都道府県の土壌診断基準には各成分の適正範囲が、施肥基準には目標収量・品質を確保するのに必要な肥料成分量がそれぞれ定められており、それに基づいて適正な土づくりや施肥が進められています。

　しかし、実際には、生産性を追求するあまり、必要以上に施肥されたり、家畜ふん堆肥などの有機質資材が肥料に上乗せされる形で施用された場合がありました。その結果、作物に吸収されなかった肥料成分が土壌に残り、過剰蓄積がみられるようになりました。それは近年の耕地土壌の実態からも明らかで、特にリン酸やカリで顕著になっています。

　こうした状況にあって、平成20年夏に肥料原料が高騰し、農家の経営を直撃する事態となったことから、リン酸やカリなどが過剰蓄積している圃場では減肥を行なって、施肥コストを抑制する対策を進めることが重要です。そのためには減肥基準が必要であり、平成22年1月現在、いくつかの県を除いて、過剰施肥の抑制を目的とした減肥基準が作成済み、または作成中となっています。

　以下に、リン酸およびカリの減肥基準の例を示します。気候や土壌、作物によって基準が異なりますので、詳しくは各県ごとにチェックする必要があります。

## （1）リン酸の減肥（有効態リン酸、土壌100g当たり）

### ① 水稲

　　30mg以上は無施肥が多く（岩手、鳥取、佐賀など）、20mg以上で無施肥可能としている県もあります（島根）。一方、6～30mg以下では通常施肥を行ない、6mg以下では通常施肥に加えてリン酸質資材を施用することが勧められています（岩手）。なお、平成20年7月には水田土壌の有効態リン酸含量の上限値として20mg/100g以下とする提案が出されています（土壌管理のあり方に関する意見交換会）。

### ② 麦類・豆類

　　麦類の基準として、北海道では60mg以上で50%、30～60mgで20%の減肥、10～30mgで通常施肥、栃木では120mg以上で無施肥～80%の減肥、60～120mgで20～50%の減肥、60mg以下で通常施肥としています。

　　豆類の基準として、北海道では60mg以上で20%の減肥、10～60mgで通常施肥としています。

### ③ 野菜

　　診断基準の上限値を上回る量を施肥（基肥）基準量から減らす考え方の減肥基準が作成されています。多くは上限値が100mg以上となっていますが（千葉、岡山など）、200mg以上に設定している県もあります（福島、愛知）。また、上限値を超えた場合は無施肥とする府県もあります（宮城、神奈川、京都など）。

## (2) カリの減肥（交換性カリ、土壌100g当たり）

カリの減肥基準は含量表示（この場合、CECが示されている例が多い）あるいは飽和度表示で示されています。

### ① 水稲

岩手では図V-8から、40mg以上ではカリの施肥効果がないとして無施肥としています。他に飽和度6％以上で無施肥～減肥（岡山）、土性・土壌別の診断基準上限値以上（砂質：35mg、壌質～粘質：47mg、火山灰土：59mg ただし、稲わら、堆肥を施用しない水田）では無施肥～1/3減肥（島根）となっています。

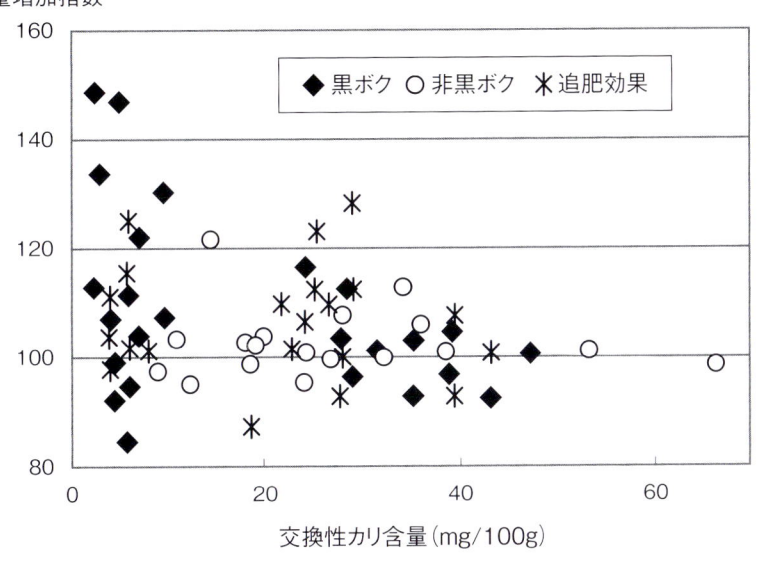

図V-8 水田土壌中の交換性カリ含量と水稲収量との関係（岩手県、2004）

### ② 麦類・豆類

北海道では70mg以上で無施肥、50～70mgで70％減肥、30～50mgで40％減肥、15～30mgでは通常施肥としています。

### ③ 野菜

診断基準の上限値を上回る量を施肥（基肥）基準量から減らす考え方の減肥基準が作成されています（茨城、千葉、愛知など）。

ほかに、70mg以上で無施肥（ただしCEC15meq以上：福島）、飽和度6％以上で無施肥～減肥（岡山など）となっています。また、上限値の2倍量のカリがある場合は無施肥～80％減肥としている県（栃木）や上限値を超えている場合は施肥基準量を50％減肥する県（愛媛）もあります。

# Ⅵ 現場における土壌診断のキーポイント

## 1 水稲

### 土壌診断のキーポイント

- 窒素とケイ酸の数値をチェックしよう
- 稲わらなどの有機物を積極的に使って地力窒素を増やそう
- 土壌養分を積極的に活用し、低成分銘柄（PKセーブなど）で低コストを提案しよう

### （1）充実した稲は地力窒素の充実から

　地力窒素とは、土の中の有機物（有機態窒素：稲わら、堆きゅう肥、小動物など腐朽堆積物）が時間をかけて微生物に分解された窒素（無機態窒素）のことで、作物が吸収・利用できるものです。前述した可給態窒素は温度と水分状態を一定にした、地力窒素の評価方法の一つです。

　水稲の反収が600kgとすると、水稲に含まれる窒素の量は約12kgです。この場合の施肥窒素と地力窒素の割合を図Ⅵ－1に示しました。この図から水稲の生育の多くは地力窒素に頼っていることがわかり、「10俵のうち7俵は地力窒素からの窒素で、3俵が肥料から供給された窒素」と言い換えることもできます。つまり、植付け後に窒素分が足りないことがわかり、あわてて肥料を入れても間に合わないのです。

　水田土壌は地道に有機物の投入を続ければ、地力窒素の供給源が蓄積されます。

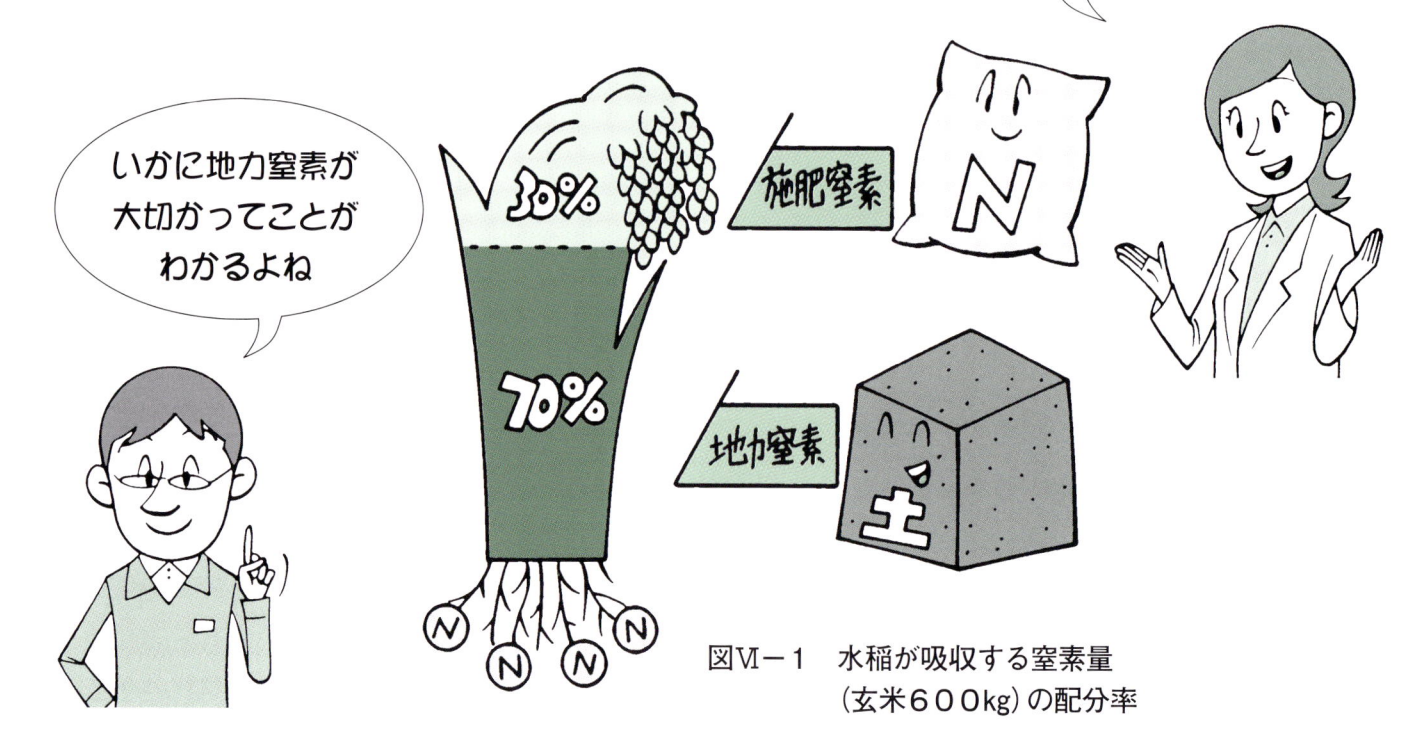

図Ⅵ－1　水稲が吸収する窒素量（玄米600kg）の配分率

### ■ 地力窒素を増やすには

　では、無機態窒素はどうやって増えるのでしょうか？有機態窒素は微生物の活動によって無機態窒素に変化（これを窒素の無機化といいます）しますので、微生物の活動が活発になれば無機態窒素も増えると考えられます。微生物の活動が活発になる条件はいろいろありますが、ここでは基本的なものを紹介します。

#### ア．土壌が乾燥した後、再び湿ったとき　－乾土効果－

　乾燥した後、降雨や灌漑などによって再び湿った土壌では、乾燥していない土壌に比べて窒素が無機化してきます。これを「乾土効果」といいます。これは土壌有機物の一部が脱水作用で微生物に分解されやすい形になるためです。有機物の多い土壌で、春先、耕起後の土壌乾燥が進むほど効果が大きいことがわかっています。また、水稲の生育、とりわけ初期生育は乾土効果と密接な関係にあります。

#### イ．土壌がアルカリ性になったとき　－アルカリ効果－

　土壌にアルカリ資材（ようりん、ケイカルなど）を施用し、その後、水を入れると有機態窒素が微生物に分解されやすくなり、地力窒素が増えます。これを「アルカリ効果」といい、有機物の多い土壌で効果が大きいといわれています。

#### ウ．地温が上昇したとき－地温上昇効果－

　地力窒素の無機化は10～20℃でもおこりますが、30℃以上になると、急激に増大します。これを「地温上昇効果」といいます。水田土壌では6月中旬から盛夏にかけて、地温の上昇にともなって、無機態窒素が増えます。日照りが続いた年は、この効果で水田の無機態窒素が平年より増えます。

## （2）ケイ酸　― 米づくりには欠かせない成分

　良質米を安定生産するには、土壌中の養分が過不足なく、バランスよく含まれている必要があります。なかでも、ケイ酸は米づくりには不可欠です。水稲は多くのケイ酸を吸収します。

　栽培条件によって違いはありますが、反収が600kgの場合、約120kgのケイ酸が吸収されているといわれています。倒伏、いもち病、根腐れなどが多い地帯では施用効果が高いので、ケイ酸質資材を積極的にすすめましょう。

> ケイ酸には稲を健全にする効果や、異常気象に強い稲を作るといわれていますね。今や、うまい米づくりには必須のアイテムでしょう

## VI 現場における土壌診断のキーポイント

### ■ 河川に含まれる量は減っています

　ケイ酸は土壌中に4～6割含まれていますが、稲の生育に有効なものはごく一部です。また、用水や稲わらなどからも供給されますが、稲の全吸収量には足りません。

　昔は河川の用水にもケイ酸が多く含まれていましたが、最近はその量が減ってきています（図VI－2は山形県の事例ですが、他県でも同様の傾向にあります）。

　このため、今まで以上にケイ酸の量に注意してください。まずは土壌診断で有効態ケイ酸を測定し、表VI－1の基準値を参考にけい酸資材を施用しましょう。

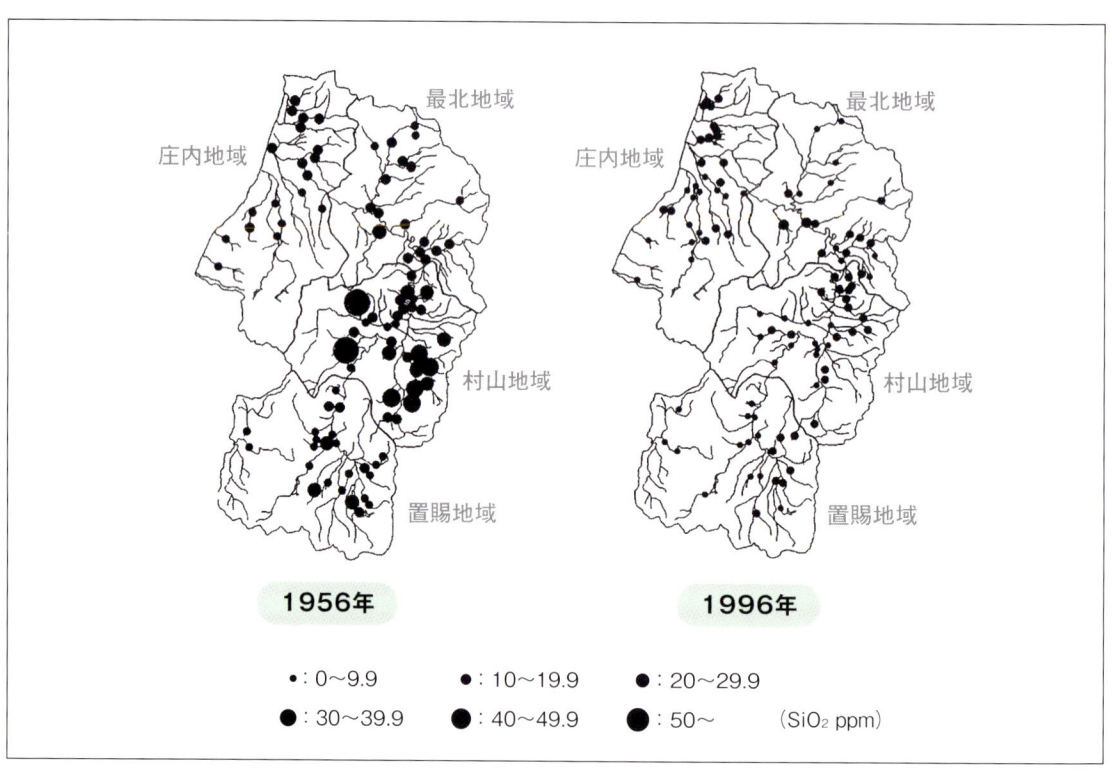

図VI－2　山形県内における農業用水のケイ酸濃度　　　　　　　　　　　　（熊谷ら、2004）

・：0～9.9　●：10～19.9　●：20～29.9
●：30～39.9　●：40～49.9　●：50～　（$SiO_2$ ppm）

表VI－1　ケイ酸資材の施用法

| 資材 | 施用時期 | 施用量（10a当たりkg） |
|---|---|---|
| ケイ酸資材 | ①稲わら施用時に施用すると稲わらの分解を促進し、肥効も春施用と変わらない。<br>②秋に施用していない場合は、春の耕起前に必ず施用する。 | ①有効態ケイ酸注が30mg以上、ケイカル基準施用量60kg<br><br>②有効態ケイ酸が30mg以下の場合<br>〔算出式〕【（30[1]－有効態ケイ酸含量）×100/30[2]】＋60<br>　　　　　　　　　　　（10a、10cm耕起深）<br>30[1]：ケイカルの基準目標数mg、30[2]：ケイカルのケイ酸含有率%<br>60：ケイカルの基準施用量kg<br><br>③有効態ケイ酸が80mg以上の場合、ケイ酸資材は不要 |

（山形県、1986）

注：酢酸緩衝液抽出法

- う〜ん、ケイ酸の数値が低いですね

- 肥料は昔と同じ量のはずなんだけど、これほど下がるのは何でだろう？

- 以前は農業用水からもケイ酸が利用できたが、最近は上流にダム（湖底にケイ酸が沈殿する）のある河川が増えて、昔ほど期待できないんじゃ。河川のpHも以前より高くなっていることも原因の一つじゃよ

- 自然からの供給が期待できなければ、肥料で補うしかない、ってことか

- そういうことよ 水稲は代表的なケイ酸作物であることを忘れちゃダメだよ

## Ⅵ 現場における土壌診断のキーポイント

# (3) 土壌診断データと処方箋作成

## 土壌診断処方箋（水稲の例）

○○ ○○ 様

作成日：平成○○年△月□日

| 分析番号 | 00001 |
|---|---|
| 作物 | 水稲 |
| 土壌の種類 | 沖積土（グライ土） |

### 1. 分析結果

| 分析項目 | 単位 | 目標値 | 分析値 | 所見 |
|---|---|---|---|---|
| pH | | 6.0～6.5 | 5.6 | **低い** |
| 有効態リン酸 | mg/100g | 10～20 | 16 | 適正 |
| CEC | meq/100g | ― | 20.0 | ― |
| 交換性カリ | mg/100g | 10～30 | 28 | 適正 |
| 交換性苦土 | mg/100g | 40～80 | 60 | 適正 |
| 交換性石灰 | mg/100g | 280～340 | 260 | **低い** |
| 塩基飽和度 | % | 70～90 | 64.4 | **低い** |
| 石灰苦土比 | | 5～8 | 3.1 | **低い** |
| 苦土カリ比 | | 2～6 | 5 | 適正 |
| 有効態ケイ酸 | mg/100g | 15～ | 6 | **不足** |
| 遊離酸化鉄 | % | 0.8～ | 0.9 | 適正 |

現在のあなたの土壌の状態

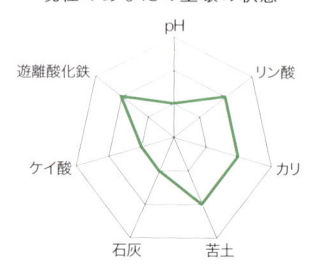

改善後、予想されるあなたの土壌の状態

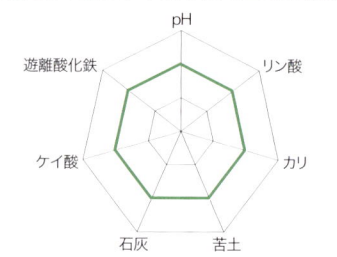

### 2. 総合所見

- pH、塩基飽和度と石灰苦土比が低く、石灰とケイ酸が不足していますので、土壌改良資材を施用してください。
- 遊離酸化鉄は目標水準を確保していますが、稲わら連用土壌では減少傾向なので、注意が必要です。
- 基肥として基準施肥量を施用してください。

### 3. 肥料名と施用量

単位：kg/10a

| 土壌改良資材 | 基肥 | 堆肥 |
|---|---|---|
| ケイカル | 化成866（仮） | |
| 120 | 50 | |

## 肥料計算の考え方と方法

### (1) 土壌改良資材

pH、塩基飽和度、石灰苦土比のバランス、石灰ケイ酸の改善が今回の課題ですが、5つすべて一度に改善するのは困難なので、ケイ酸の改善を優先させます。

石灰苦土比の目標値は5〜8ですが、5以下の場合には8以上の場合よりも作物に与える影響が少ないです。なお、苦土カリ比についても目標値は2〜6ですが、6以上の場合は2以下の場合よりも作物に与える影響が少ないと考えられます。

ケイ酸資材として、ケイカル（ケイ酸分30％、石灰分38％、苦土5％）を使用し、ケイ酸の改良目標を30mg/100gとして必要な施用量を求めます。

なお、本土壌の土性は壌土（仮比重は1）で作土深は15cmとします。

**【計算式】**

ケイ酸質資材施用量 kg/10a ＝（目標ケイ酸量－測定値）mg/100g × 仮比重 × $\dfrac{\text{作土深 cm}}{10\text{cm}}$

　　　　　　　　　× 100 /（施用資材のケイ酸成分含量％）

　　　　　　　　＝（30 － 6）× 1 × 15/10 × 100/30 ＝ ケイカル 120kg/10a

次に、ケイカル施用によってケイ酸以外に投入され養分の計算をします。

投入される養分 kg/10a ＝ 資材施肥量 ×（成分含有率％）/100

投入される養分 mg/100g ＝ 投入される養分 kg/10a ／ 仮比重 × 10cm/作土深 cm

ケイカル120kg中の石灰は　120 × 38/100 ＝ 45.6kg/10a　⇒　45.6/1 × 10/15 ＝ 30.4mg/100g
ケイカル120kg中の苦土は　120 × 5/100 ＝ 6kg/10a　⇒　6/1 × 10/15 ＝ 4mg/100g

**改善後**

ケイ酸30mg、苦土64mg、石灰290mg、塩基飽和度70.8％、石灰苦土比3.2となり、ケイ酸と石灰と塩基飽和度が改善され、pHも目標値付近の値になります。石灰苦土比の改善については継続的に土壌診断を行ない数年かけて改善していきます。

### (2) 基肥

各県の施肥基準に従って計算しますが、今回の処方箋では新潟県のコシヒカリの10a当たりの施肥基準（窒素3〜4kg、リン酸8kg、カリ8kg）を参考に、基肥として（窒素、リン酸、カリ、8 － 16 － 16）の肥料を50kg/10a施用することにしました。

### ワンポイントアドバイス

・ケイ酸資材の施用時期は、収穫後以降〜幼穂形成期（移植後1カ月は除く）までは、施用効果に差はありません。
　したがって、秋の収穫後と春の耕起前散布が原則となります。

・水稲は幼穂形成期以降、ケイ酸の吸収量が急上昇するため、その時期の追肥も効果的です。

・ケイ酸資材は、それぞれ可溶性割合が違うので、それぞれの特性を十分把握して施用します。

・計算式でケイ酸施用量が常識量を超えて過剰な施用量になった場合は、農家と十分に話合い、2〜3年に分割して施用するよう誘導します。

## 2 露地畑

### 土壌診断のキーポイント

- 日本の土壌は酸性化しやすいので、pHをチェックしよう
- 「酸性→アルカリ性」には石灰質肥料を使う
- 同時に低コストも期待できる局所施肥も提案しよう

## (1) 日本の土は酸性になりやすい

　日本の土壌はほとんどが酸性土壌といってよいでしょう。それは、温暖多雨の気候のため、水の移動とともに畑の肥料分（カルシウムやマグネシウムなど）を土層の下方に流してしまう（これを溶脱または流亡といいます）ことと、石灰質由来の土壌が少ないためです。このため、適切な土壌管理をしないで放っておくと、土壌は酸性に変化していきます。

　土壌が酸性になって困るのは野菜栽培です。ほとんどの野菜は弱酸性から中性の土を好みます（表Ⅵ－2）。酸性土壌に弱い作物（ホウレンソウなど）の育ちが悪ければ、「土壌が酸性になっているかも」と疑ってみましょう。

表Ⅵ－2　作物の生育に好適なpH範囲

| 作物 | pH | 作物 | pH | 作物 | pH |
|---|---|---|---|---|---|
| 水稲 | 5.0～6.5 | イタリアンライグラス | 6.0～6.5 | アスパラガス | 6.0～8.0 |
| オオムギ | 6.5～8.0 | オーチャードグラス | 5.5～6.5 | キク | 6.0～7.5 |
| コムギ | 6.0～7.5 | チモシー | 5.5～7.0 | ツツジ | 4.5～5.0 |
| エンバク | 5.5～7.0 | ソルゴー | 5.5～7.0 | カーネーション | 6.0～7.5 |
| ライムギ | 5.5～7.0 | ダイコン | 6.0～7.5 | テッポウユリ | 6.0～7.0 |
| アワ | 6.0～7.5 | カブ | 5.5～6.5 | ラン | 4.0～5.0 |
| アズキ | 6.0～6.5 | ニンジン | 5.5～7.0 | シャクナゲ類 | 4.5～6.0 |
| インゲン | 5.5～6.7 | サトイモ | 5.5～7.0 | ミカン | 5.0～6.0 |
| ラッカセイ | 5.3～6.6 | ハクサイ | 6.0～6.5 | リンゴ | 5.5～6.5 |
| エンドウ | 6.0～7.5 | キャベツ | 6.0～7.0 | ブドウ | 6.5～7.5 |
| トウモロコシ | 5.5～7.5 | ホウレンソウ | 6.0～7.5 | ナシ | 6.0～7.0 |
| ソバ | 5.0～7.0 | タマネギ | 5.5～7.0 | モモ | 5.0～6.0 |
| カンショ | 5.5～7.0 | ナス | 6.0～6.5 | オウトウ | 5.0～6.0 |
| バレイショ | 5.0～6.5 | トマト | 6.0～7.0 | カキ | 6.0～7.0 |
| 葉タバコ | 5.5～7.5 | キュウリ | 5.5～7.0 | クリ | 5.0～6.0 |
| テンサイ | 6.5～8.0 | カボチャ | 5.5～6.5 | アンズ | 6.0～7.0 |
| アカクローバ | 6.0～7.5 | イチゴ | 5.0～6.5 | パイナップル | 5.0～6.0 |
| シロクローバ | 6.0～7.2 | スイカ | 5.5～6.5 | ブルーベリー | 4.0～5.0 |
| アルファルファ | 6.0～8.0 | レタス | 6.0～6.5 | チャ | 4.5～6.5 |
| トールフェスク | 5.0～6.0 | カリフラワー | 5.5～7.0 | クワ | 5.0～6.5 |

# （2）pHの測定結果から土壌を改良する

## ① pHを上げるには石灰質資材を使う

　　pHが低い場合には、炭酸カルシウムや苦土石灰などの石灰質資材（アルカリ資材）を使います。おおよその目安は、「Ⅱ．土壌化学性の改良（4）pHの改良方法」（P.18）の表Ⅱ－2のとおりです。「おおよそ」としたのは、土壌のタイプなどによって多少の差があるためです。

> ウチのレタス、最近、よその家より育ちが遅いような気がするんだけど？

> そういや、ウチのホウレンソウも昔ほど濃い緑色じゃなくなったな

> ウム、それは土が酸性化したときによくある症状ですね。お二人とも土壌のpHをチェックしていますか？

> うんにゃ。肥料を前と同じ量入れていれば大丈夫じゃないの？

> 野菜類は酸性に弱いんです。それに土だって何もしなければ酸性になりがちです。お二人の診断結果を見ると…。やはりpHが低いですね

Ⅵ 現場における土壌診断のキーポイント

じゃ、どうすりゃ上がるんだい？

炭カルや苦土炭カルを使います。
お二人の畑に必要な量を計算してみましょう

## ② pHとECの同時診断

　土壌の塩基類が少ないと、pHが低く、多いと、pHが高い傾向があります。また、ECが低いと、無機態窒素が少なく、ECが高いと無機態窒素が多い傾向にあります。無機態窒素には硝酸態とアンモニア態がありますが、硝酸化成（アンモニア態窒素から硝酸態窒素に変わること）が進むとpHは低下します。そのためpHとECを測定するだけで、土壌の大まかな養分状態がわかります。pHとECの関係をまとめたのが図Ⅵ-3です。

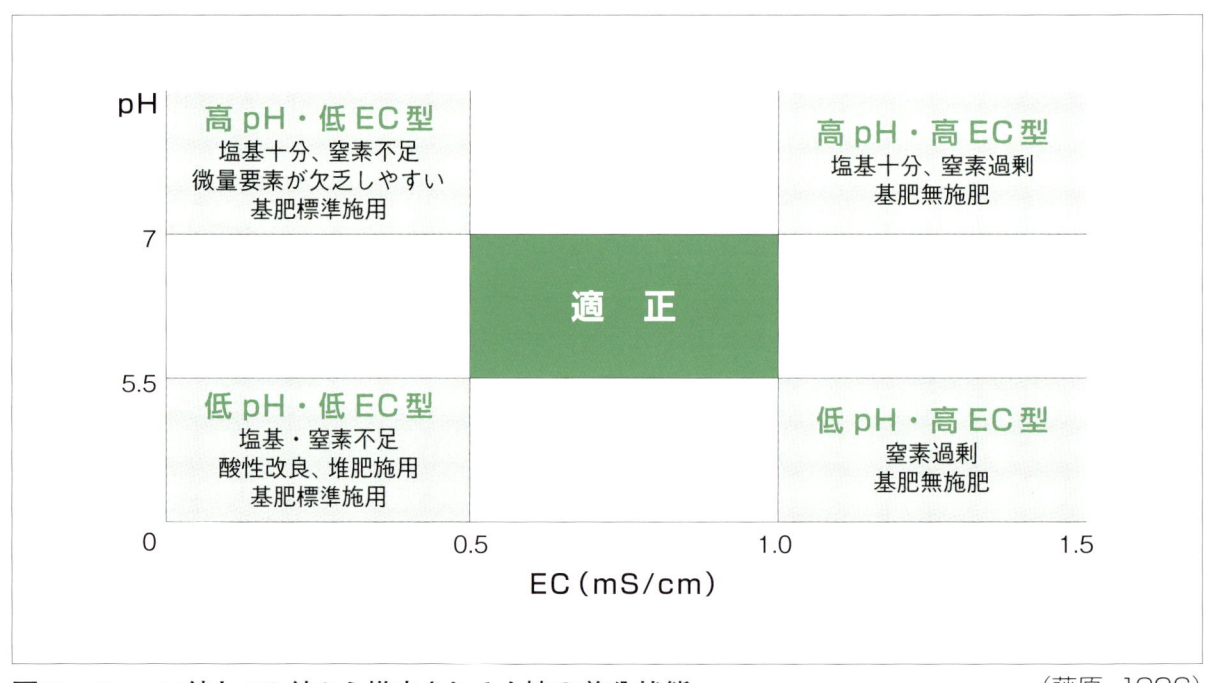

**高pH・低EC型**
塩基十分、窒素不足
微量要素が欠乏しやすい
基肥標準施用

**高pH・高EC型**
塩基十分、窒素過剰
基肥無施肥

**適正**

**低pH・低EC型**
塩基・窒素不足
酸性改良、堆肥施用
基肥標準施用

**低pH・高EC型**
窒素過剰
基肥無施肥

図Ⅵ-3　pH値とEC値から推定される土壌の養分状態　　　　　　　（藤原、1996）

## (3) 肥料成分の流出を少なくして肥効を高める―局所施肥

### ① 局所施肥とは

局所施肥とは、作物の根に利用される部分だけに施肥して、効率よく肥料成分を吸収させる（＝施肥した養分が吸収される割合が高い）方法です。

局所施肥には
- マルチを張るベッド部分だけに施肥する
- 植え付ける畦に沿った位置に筋状に施肥する
- 畝の中だけに施肥する

などの方法があり、機械（局所施肥機）を使うことが多いです。

ただし、すべての作物に向いているわけではありませんので、事前に局所施肥に合った品目かどうか確認しましょう。

畝立て同時施肥機　　　　　　　　　　　　　（原図　屋代）

### ② 局所施肥のメリット

現在は、機械などで畑の全面に散布する「全面施肥」や、全面施肥後に作土を均一に混ぜ合わせる「全面全層施肥」が一般的ですが、これらの施肥法は、作物の根が吸収できない場所まで施肥されるので、土壌に残った肥料の流出などが起こりやすくなっています。

それに比べて局所施肥は

ア．作物に利用される部分だけに施肥するので、肥料成分の流出が少なく、肥料の利用率を高めることができます。

イ．畑全面に施肥しないので、投入量を減らすことができ（30％以上削減できる作物もあります）、減肥栽培、コスト低減につながります。

## Ⅵ 現場における土壌診断のキーポイント

> 今のところ、ウチのキャベツ畑はpHに問題はないけど、なにせ面積が広いから、肥料を少なくする方法はない？

> 局所施肥機という機械があります。あなたの家は大規模なので十分活躍しそうです

> 機械の値段も気になるけど、どんな仕掛けなの？

> 簡単に言うと、畑全体ではなくて根っこの回りだけに施肥するんです。水稲の側条施肥みたいなものです

> いわゆるピンポイント攻撃ってやつだね。肥料の投入量も減らせそうだな

> その通り。いろいろな作物で試験していますが、キャベツはおすすめですよ

# （4）土壌診断データと処方箋作成

## 土壌診断処方箋（露地ホウレンソウの例）

○○ ○○ 様

作成日：平成○○年△月□日

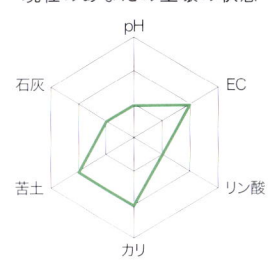

| 分析番号 | 00001 |
|---|---|
| 作物 | ホウレンソウ |
| 土壌の種類 | 黒ボク土 |

### 1. 分析結果

| 分析項目 | 単位 | 目標値 | 分析値 | 所見 |
|---|---|---|---|---|
| pH | | 6.0～7.5 | 5.4 | 低い |
| EC | mS/cm | ～0.3 | 0.2 | 適正 |
| リン酸吸収係数 | | | 1500 | － |
| 有効態リン酸 | mg/100g | 10～100 | 8 | 不足 |
| CEC | meq/100g | － | 21.0 | － |
| 交換性カリ | mg/100g | 20～35 | 30 | 適正 |
| 交換性苦土 | mg/100g | 30～50 | 36 | 適正 |
| 交換性石灰 | mg/100g | 300～450 | 220 | 不足 |
| 塩基飽和度 | ％ | 60～90 | 49 | 低い |
| 石灰苦土比 | | 5～8 | 4.4 | 低い |
| 苦土カリ比 | | 2～6 | 2.8 | 適正 |

現在のあなたの土壌の状態

改善後、予想されるあなたの土壌の状態

### 2. 総合所見

- pHが低く、リン酸と石灰が不足し、塩基飽和度と石灰苦土比が低いので土壌改良資材を施用してください。
- 基肥として基準施肥量を施用してください。

### 3. 肥料名と施用量

単位：kg/10a

| 土壌改良資材 | | 基肥 | | 堆肥 |
|---|---|---|---|---|
| ようりん | 炭カル | 緩効性入り化成855（仮） | | |
| 176 | 306 | 100 | | |

# VI 現場における土壌診断のキーポイント

## 肥料計算の考え方と方法

### （1）土壌改良資材

　pH、リン酸、石灰、塩基飽和度、石灰苦土比が今回の課題ですが、5つすべてを一度に改善するのは困難なので、pHを目標値の6.0～7.5の間に入る様に改善することを優先し、次にリン酸の改善を考えます。

　使用する土壌改良資材はP58表Ⅳ-4に従って、ようりん（リン酸分20％、石灰分29％、苦土分15％、ケイ酸分20％）と炭カル（石灰分54％）を選択します。

　目標pHは6.5付近、リン酸の改良目標値は30mgとして必要な施用量を求めます。本土壌は黒ボク土なので仮比重は0.8、作土は10cmとします。

　pHの改善を優先させるために、まず緩衝曲線（次ページ）によって炭カルの施用量を求めます。緩衝曲線よりpH6.4にするためには400kg/10aの炭カルが必要です。

　続いてようりんの施用量を求めます。

[計算式]

（目標リン酸−測定リン酸）mg × 不足リン酸1mg当たりリン酸施用量[注]

$$\times \frac{100}{リン酸質肥料成分\%} \times \frac{作土深\,cm}{10cm} \times 仮比重 = 施用リン酸\,kg/10a$$

　　（30 − 8）× 8 × 100/20 × 10/10 × 0.8 = 704　　10a・10cm当たり、ようりん704kg必要

　注：不足リン酸1mg当たりリン酸施用量についてはP34表Ⅱ-14を参照

　P34の表Ⅱ-14を使用すると常識量を超える施用量が計算されました。そこで、今回は下の表の数字を用いて計算しなおします。

| リン酸吸収係数 | 不足リン酸1mg当たり<br>リン酸施用量<br>（mg/100g乾土） | 土壌の種類 | |
|---|---|---|---|
| 2000以上 | 2.5 | 腐植質黒ボク土 | |
| 2000～1500 | 2 | 黒ボク土など | |
| 1500～700 | 1.5 | 黒ボク土以外 | 洪積土壌 |
| 700以下 | 1 | | 沖積土壌 |

　（30 − 8）× 2 × 100/20 × 10/10 × 0.8 = 176　　10a・10cm当たり、ようりん176kg必要
　ようりん176kg中の石灰は　176 × 29/100 = 51.0kg/10a ⇒ 51/0.8 × 10/10 = 63.8mg/100g
　ようりん176kg中の苦土は　176 × 15/100 = 26.4kg/10a ⇒ 26.4/0.8 × 10/10 = 33.0mg/100g

　ようりんにはアルカリ分が保証されているため、炭カル400kgとようりん176kgを施用した場合は6.5以上のpHになってしまう可能性があります。そこで、ようりん中の石灰分を差し引き炭カルの施用量を再度計算します。

　　炭カル400kg中の石灰　　400 × 54/100 = 216kg/10a
　　ようりん176kg中の石灰　　51kg/10a
　　　　　　　　炭カル施用量（216 − 51）× 100/54 = 306kg/10a

### 改善後

　リン酸30mg、苦土69mg、石灰490mg、塩基飽和度102％、石灰苦土比5.3となり、pHの改良を優先した結果、石灰、苦土と塩基飽和度が過剰になります。塩基については翌年も土壌診断を行ない数年かけて改善していきます。

### 苦土を過剰にさせない方法

　ようりんを使用したため苦土含量が過剰になりました。苦土を過剰にさせないため、苦土含量の低い苦土重焼燐（リン酸分35％、石灰分20％、苦土分4.5％）でリン酸を改良する考え方もあります。

　苦土重焼燐でリン酸を30mg/100gに改善するためには101kg/10a施用することになります。苦土が過剰にならない施肥量は、203kg/10a以下ですので、苦土重焼燐を100kg/10a施用に変更することで苦土が過剰にならずにリン酸を改善できます。

#### 緩衝曲線を使用しないで改善する方法

石灰を改良目標値の300～450mg/100gに改善するためには炭カルを118.5kg～340.7kg/10a施用する必要があります。

黒ボク土でpHを1上げるために必要な炭カルの量は300～400kg/10a（P.18表Ⅱ-2参照）ですので、石灰の上限を超えないように炭カルを300～340kg/10a施用します。土壌pHは緩衝曲線より6.3程度になると予想されます。

## （2）基肥

各県の施肥基準に従って計算しますが、今回の処方箋では千葉県の春夏どりホウレンソウ栽培の10a当たりの施肥基準（窒素8kg、リン酸15kg、カリ15kg）を参考基肥として（窒素、リン酸、カリ、8-15-15）の肥料を100kg/10a施用することにしました。

### 緩衝曲線による中和石灰量の求め方

土壌には、酸、アルカリが加えられたときに起こるpHの変化を小さくする働きがあります。これを緩衝作用といいます。緩衝作用は土壌ごとに違うので、まず対象となる土壌の緩衝曲線を作成します。

緩衝曲線の作り方は
① 数個のビーカーに風乾土を20g採り、炭酸カルシウム（$CaCO_3$）を0,10,20,30mg…加えて、畑状態水分になるまで純水を添加して、さらによく混ぜ、ふたをして1日以上放置する。
② 純水50mlを加えて混合し、通気して$CO_2$を追い出したのち、pHを測定する。
③ 測定結果をグラフ用紙に書く。

酸性土壌が炭酸カルシウムと反応することで炭酸ガスが発生してpHが低くなります。通気することで炭酸ガスを追い出し、正しいpHを測定します。

この緩衝曲線から目標pH6.4にするためには、100tの土壌当たり、炭カル500kg必要とわかります。

ただし、これは仮比重1のときの10a・10cmの土壌量100t（面積1000m$^2$×深さ0.1m×仮比重1）の場合です。今回の土壌である黒ボク土の仮比重は0.8なので、500×0.8×10/10＝400kg必要になります。

**緩衝曲線の作成方法（例）**

| 風乾土（g） | 20 | 20 | 20 | 20 | 20 |
|---|---|---|---|---|---|
| $CaCO_3$(mg) | 0 | 20 | 50 | 100 | 150 |
| pH | 5.3 | 5.7 | 6.1 | 6.4 | 6.6 |
| 炭カル必要量(kg/100t土) | 0 | 100 | 250 | 500 | 750 |

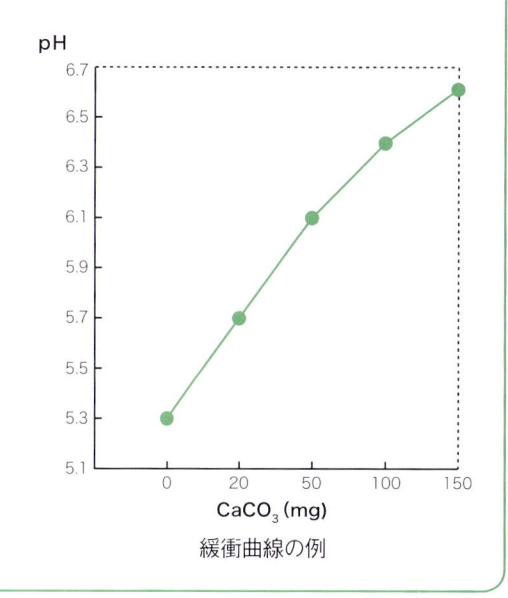

緩衝曲線の例

### ワンポイントアドバイス

・露地畑では、作付け作物に応じた適正pHに改良することが何よりも重要です。そのため、各土壌ごとに緩衝曲線（上記参照）を作成することが必要となります。簡易に必要石灰量を求めるには、P.18表Ⅱ-2を使うと便利です。

・火山灰土壌のリン酸吸収係数は1500以上が一般的です。火山灰土壌では、往々にして活性アルミニウムが害作用を及ぼすとともに、pHが低く、水溶性リン酸は固定され、リン酸不足になりがちです。そのため、リン酸は特に重要な成分です。黒ボク土では、水溶性リン酸よりく溶性リン酸の施用が良いでしょう。

・ホウレンソウなどを年間で連作する場合は、次作の作付けにあたって、残存窒素量を把握することが重要です。この場合は、ECを調査し、硝酸態窒素に換算して、標準施肥量の窒素成分量を減ずる必要があります。

## Ⅵ 現場における土壌診断のキーポイント

# 土壌診断処方箋（露地ダイコンの例）

○○ ○○ 様

作成日：平成○○年△月□日

| 分析番号 | 00001 |
|---|---|
| 作　物 | ダイコン |
| 土壌の種類 | 砂質土（砂丘未熟土） |

### 1. 分析結果

| 分析項目 | 単　位 | 目標値 | 分析値 | 所　見 |
|---|---|---|---|---|
| pH | | 5.5～6.5 | 5.6 | 適正 |
| EC | mS/cm | ～0.1 | 0.1 | 適正 |
| リン酸吸収係数 | | | 300 | － |
| 有効態リン酸 | mg/100g | 10～75 | 5 | **低い** |
| CEC | meq/100g | － | 5.0 | － |
| 交換性カリ | mg/100g | 15～20 | 15 | 適正 |
| 交換性苦土 | mg/100g | 15～30 | 20 | 適正 |
| 交換性石灰 | mg/100g | 100～150 | 100 | 適正 |
| 塩基飽和度 | ％ | 85～150 | 97.8 | 適正 |
| 石灰苦土比 | | 5～8 | 3.6 | **低い** |
| 苦土カリ比 | | 2～6 | 3.1 | 適正 |

現在のあなたの土壌の状態

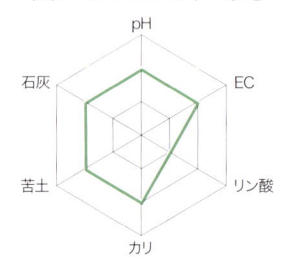

改善後、予想されるあなたの土壌の状態

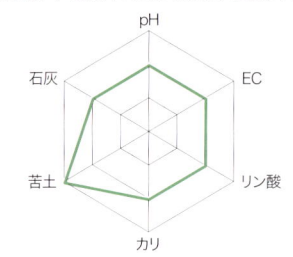

### 2. 総合所見

- リン酸が不足しています。土壌改良資材を施用してください。
- 基肥として基準施肥量を施用してください。

### 3. 肥料名と施用量

単位：kg/10a

| 土壌改良資材 | | 基　肥 | | 堆　肥 | |
|---|---|---|---|---|---|
| BMようりん | 炭カル | 化成568（仮） | | | |
| 90 | 63 | 100 | | | |

## 肥料計算の考え方と方法

### （1）土壌改良資材

　　リン酸、石灰苦土比が今回の課題です。CECが低い砂質土ではCECを基にして、塩基飽和度を70～90％の水準に改良する考え方は、適していません。したがって、pHを考慮しながら、塩基飽和度ではなく養分含量を考えて改良します。そのためこの例では塩基飽和度の目標値はCECが5meq/100g程度と低いので地力増進法基本指針による塩基飽和度の改良目標値（p30 表Ⅱ-13）よりも高く設定しています。

　　交換性石灰の改良目標値は150mg/100ｇ、リン酸の改良目標値は20mg/100gとして必要な施用量を求めます。使用する土壌改良資材はP58表Ⅳ-4に従ってようりん（リン酸分20％、石灰分29％、苦土分15％、ケイ酸分20％）と炭カル（石灰分54％）を選択します。ただし、砂質土では微量要素等が不足しがちなので、ようりんはホウ素やマンガンを含んだBMようりんとします。本土壌は砂質土なので仮比重は1.2、作土は10cmとします。

［計算式］

（目標リン酸－測定リン酸）mg×不足リン酸1mg当たりリン酸施用量[注]

$$\times \frac{100}{リン酸質肥料成分\%} \times \frac{作土深 cm}{10cm} \times 仮比重 = 施用リン酸 kg/10a$$

　　　(20－15) × 1 × 100/20 × 10/10 × 1.2 = 90　　　10a・10cm当たり、ようりん90kg必要

注：不足リン酸1mg当たりリン酸施用量についてはP84参照

ようりん90kg中の石灰　90 × 29/100/1.2 = 21.8mg/100g
ようりん90kg中の苦土　90 × 15/100/1.2 = 11.3mg/100g

石灰を150mgに改良するため、不足分を炭カル（石灰分54％）で改良
　　(150－100－21.8) × 100/54 × 10/10 × 1.2 = 62.7kg必要

**改善後**

　　リン酸20mg、苦土31mg、石灰150mg、塩基飽和度144.8％、石灰苦土比3.4となり、苦土が多く、石灰苦土比が低いが、pHを上げすぎないためこれにとどめます。リン酸と塩基バランスについては翌年も土壌診断を行ない数年かけて改善していきます。

### （2）基肥

　　各県の施肥基準に従って計算しますが、今回の処方箋では砂丘畑におけるダイコンの施肥量（土壌保全調査事業全国協議会（1991））（窒素15kg、リン酸16kg、カリ18kg）を参考に基肥として（窒素、リン酸、カリ15－16－18）の肥料を100kg/10a施用することにしました。

### ワンポイントアドバイス

・砂丘畑では、スプリンクラーなどの潅水施設が必要です。
・砂丘地は、養分保持力が低いため、生育に対応した追肥技術が重要となります。
・堆肥などの施用も重要ですが、家畜ふん由来の濃厚きゅう肥より、稲わらなど繊維質堆肥の施用を奨励します。
・砂丘畑では、塩基飽和度よりも塩基バランスと養分含量を優先して塩基を改良します。
・砂丘などでは微量要素などが不足しがちなので、ホウ素やマンガンを含んだ肥料を使用します。

# 3 施設畑

## 土壌診断のキーポイント

● 塩類集積と養分バランスに注意

## (1) 露地と施設では施肥の着眼点が違う

　露地と施設では、土壌水分の動きが対照的です。露地では、雨で養分が洗い流される（水は上から下に移動します）のに対して、施設は雨が遮断されて乾燥しやすいため（水は下から上に移動します）、塩類が土壌の表層に集まります。

　そのため、施肥する時は、露地では溶脱量（洗い流される量）と補給量（施肥量）のバランスを、施設では塩類の集積防止に重点を置いた施肥管理をすることが大切です。

> 露地と比べて、施設栽培で特に注意しなければいけないことってありますか？

> 施設には屋根があるから、雨が降らないし、温度も高いので乾燥しやすい。すると、土壌水分の動きが露地とは逆になり、塩類が集まりすぎたり、養分が過剰集積してしまい、作物の生育に悪い影響を与えてしまうんじゃ

> どうすればいいんです？

> まずは土壌診断をして、EC（電気伝導度）の値に注目することよ

> 確かECが高いほど、塩類濃度も高いんですよね？

> よう勉強しとるの。ECが高い場合の対策はいろいろあるぞ

① 基肥量を減らす。
② 表層土と下層土を混合する「天地返し」や深耕をする。
③ 休作のときにソルガムなどのイネ科植物を植えて、青刈りして、畑の外に持ち出す。

> ボクらが余分な養分を吸収しまーす！

## (2) 連作障害対策

　同じ圃場に、同じ作物を連続して栽培すると、作物の生育が不良になる現象を連作障害といいます。主な原因は、土壌伝染性病害が多いのですが、必要な肥料成分が多過ぎたり不足したりすること（土壌理化学性の悪化）も大きく関係しています。

　そのため、土壌診断で土壌の養分バランスをチェックし、土づくり重視の施肥をすすめることはもちろん、無病（ウイルスフリー）苗や接木苗の導入、土壌消毒、輪作体系など総合的な対策が必要です。

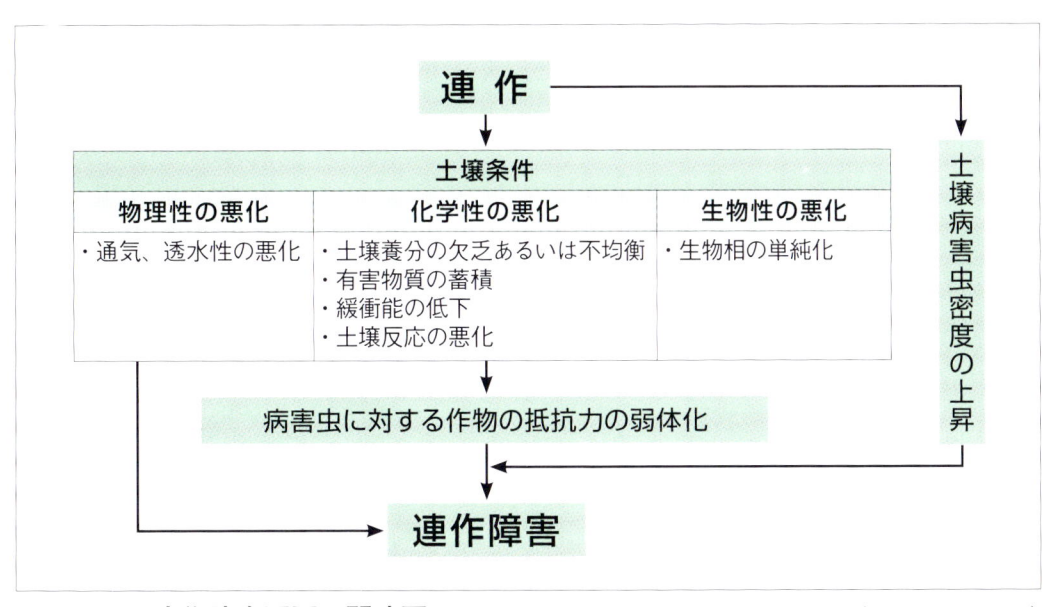

| 土壌条件 | | |
|---|---|---|
| 物理性の悪化 | 化学性の悪化 | 生物性の悪化 |
| ・通気、透水性の悪化 | ・土壌養分の欠乏あるいは不均衡<br>・有害物質の蓄積<br>・緩衝能の低下<br>・土壌反応の悪化 | ・生物相の単純化 |

連作 → 土壌条件 → 病害虫に対する作物の抵抗力の弱体化 → 連作障害
連作 → 土壌病害虫密度の上昇 → 連作障害

図Ⅵ-4　連作障害要因の関連図　　　　　　　　　　　　（山形県、2001）

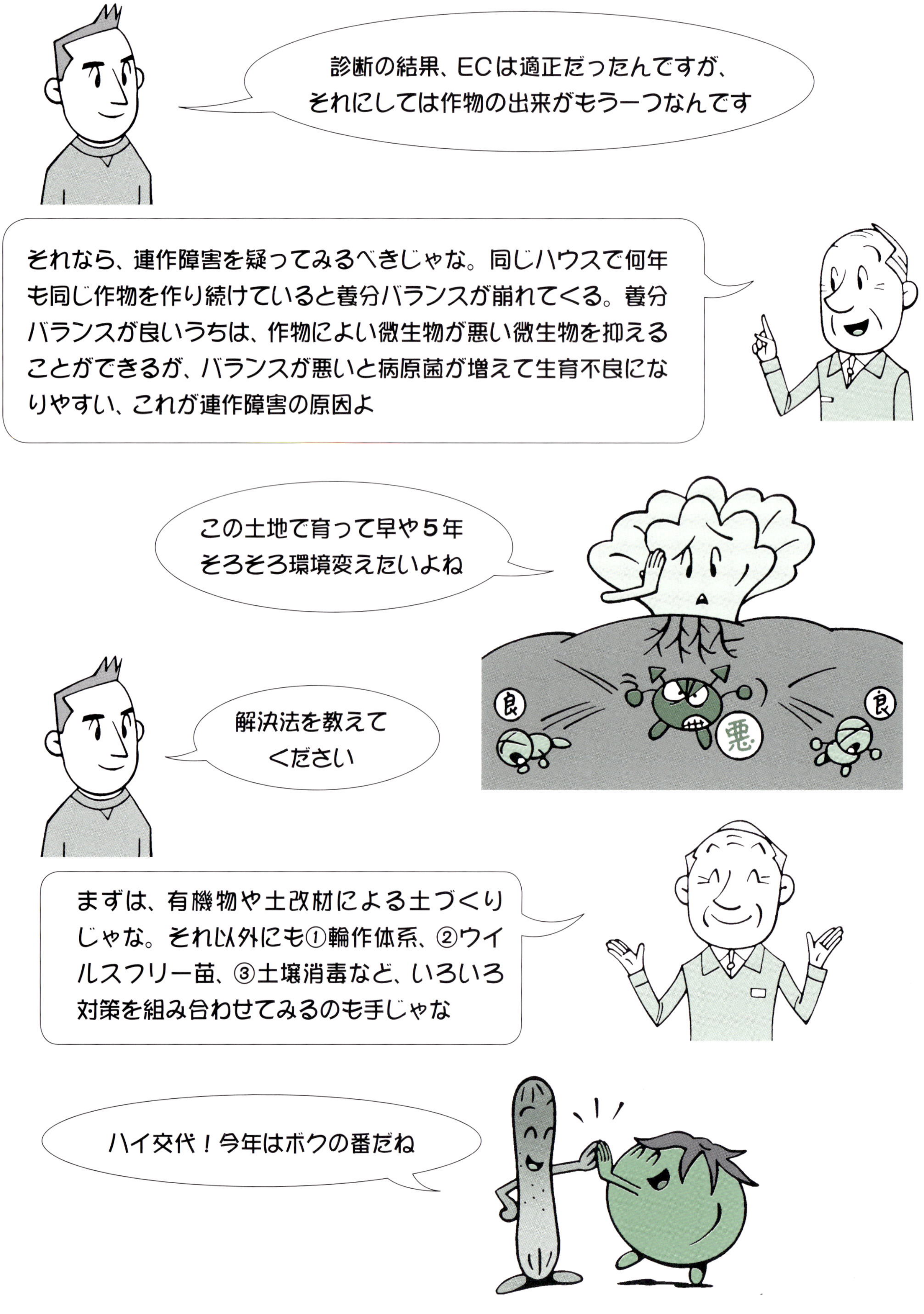

## Ⅵ 現場における土壌診断のキーポイント

診断の結果、ECは適正だったんですが、それにしては作物の出来がもう一つなんです

それなら、連作障害を疑ってみるべきじゃな。同じハウスで何年も同じ作物を作り続けていると養分バランスが崩れてくる。養分バランスが良いうちは、作物によい微生物が悪い微生物を抑えることができるが、バランスが悪いと病原菌が増えて生育不良になりやすい、これが連作障害の原因よ

この土地で育って早や5年 そろそろ環境変えたいよね

解決法を教えてください

まずは、有機物や土改材による土づくりじゃな。それ以外にも①輪作体系、②ウイルスフリー苗、③土壌消毒など、いろいろ対策を組み合わせてみるのも手じゃな

ハイ交代！今年はボクの番だね

# (3) 土壌診断データと処方箋作成

## 土壌診断処方箋（施設キュウリの例）

○○ ○○ 様

作成日：平成○○年△月□日

| 分析番号 | 00001 |
|---|---|
| 作物 | キュウリ（施設） |
| 土壌の種類 | 沖積土（灰色低地土〈水田転換後10年以上連作圃場〉） |

### 1. 分析結果

| 分析項目 | 単位 | 目標値 | 分析値 | 所見 |
|---|---|---|---|---|
| pH |  | 6.0～6.5 | 4.9 | **低い** |
| EC | mS/cm | ～0.3 | 1.8 | **高い** |
| リン酸吸収係数 |  | － | 1400 | － |
| 有効態リン酸 | mg/100g | 10～75 | 102 | **過剰** |
| CEC | meq/100g | － | 25 |  |
| 交換性カリ | mg/100g | 20～30 | 98 | **過剰** |
| 交換性苦土 | mg/100g | 20～40 | 86 | **過剰** |
| 交換性石灰 | mg/100g | 200～350 | 600 | **過剰** |
| 塩基飽和度 | ％ | 70～90 | 111 | **高い** |
| 石灰苦土比 |  | 5～8 | 5.0 | 適正 |
| 苦土カリ比 |  | 2～6 | 2.1 | 適正 |

現在のあなたの土壌の状態

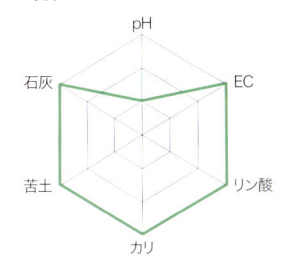

改善後、予想されるあなたの土壌の状態

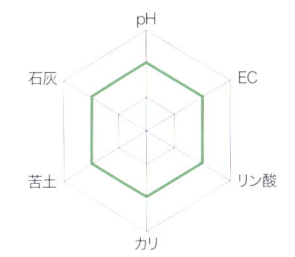

### 2. 総合所見

- pHが低く、ECが高く、リン酸と塩基成分（石灰、苦土、カリ）が過剰です。
- 石灰が過剰、ECも高いことから硝酸態窒素の蓄積がpHを低くしています。
- 窒素、リン酸、カリが過剰ですので基肥は無施肥としてください。
- クリーニングクロップの作付けなど除塩対策を行なってください。

### 3. 肥料名と施用量

単位：kg/10a

| 土壌改良資材 |  | 基　肥 |  | 堆　肥 |  |
|---|---|---|---|---|---|
| 無施肥 |  | 無施肥 |  | 無施肥 |  |
|  |  |  |  |  |  |

## Ⅵ 現場における土壌診断のキーポイント

### 肥料計算の考え方と方法

#### (1) 土壌改良資材

塩基バランス以外のすべてを改善する必要があります。ただし、pHを改良しようとして石灰を投入してはいけません。取り組むべき課題は、硝酸態窒素を除去することです。

除塩の方法は、ソルゴーなどクリーニングクロップを使って肥料成分をハウス内から持ち出す方法が考えられます。

#### (2) 基肥

各県の施肥基準に従って計算しますが、今回の処方箋では群馬県の促成栽培の10a当たりの基肥施肥基準（窒素25kg、リン酸35kg、カリ25kg）を参考に計算しました。

- 窒素はECが1.8なので、無施肥（P21表Ⅱ－7参照）とする。
- リン酸は100mgを超えているため、無施肥（P48表Ⅲ－3参照）とする。
- カリも98mgで、塩基飽和度も8％を超えているため、無施肥とする（P71参照）。

以上から、無施肥となります。

### ワンポイントアドバイス

- キュウリを連作している農家は、土壌養分の集積を十分認識しながら、多肥栽培（堆肥や化学肥料）を継続している場合が多いです。この場合は多かん水することで対応している場合もあります。

- 連作で硝酸態窒素が集積しているので、除塩などを提案することは重要ですが、除塩後は再度土壌診断をして施肥量を増施しないと、減収する事例もあり、せっかくの対応策が裏目に出ることもあります。

- 作物を利用した除塩対策は重要ですが、その間、ハウス栽培はできないので、農家と十分に話し合った除塩対策が必要です。盛夏時に有機物を施用し、かん水後、古ビニールなどを被覆した太陽熱消毒が効果的な事例が多く報告されています。

- ソルゴーやトウモロコシなど養分吸収量の旺盛なクリーニングクロップを利用した除塩対策は重要ですが、その間、ハウス栽培はできないので、農家と十分に話し合った除塩対策が必要です。

- 連作障害対策として、盛夏時に有機物を施用することで、太陽熱消毒の効果を高めることもできます。

## 4　果樹

### 土壌診断のキーポイント

● 下層土の改良と窒素栄養の調節

## （1）土壌改良と適正施肥

　良質な果実を安定的に生産するには、根の健全化がとくに大切です。そのためには、土壌の物理性を良好にし、各種養分のバランスを考慮し、地力窒素が安定的に発現する土壌条件を整え、維持することが重要です。こうした土壌条件に適正な栽培技術が加わって、良質果実の安定多収が初めて可能になりますが、実際の園地は土壌管理の粗放化もあって土壌条件が悪化しています。

　とくに、機械に踏み固められた土壌が多く、下層土の物理性が不良で根の機能が阻害されている例が多い（土が固くなって水はけが悪い）のです。そのため、固くなった層を砕いてやわらかくするためにトレンチャーなどを積極的に導入し、土壌改良を行ない、同時に有機物と土壌改良資材を併用します。また、土壌改良資材を深層に強制注入する方法も開発されています。

　果樹への施肥は、樹勢をよく観察して、地力とのバランスをとることが重要です。地域の施肥基準を遵守し、過剰な施肥は、良質な果実生産と適正な土壌管理に逆行するので、注意します。

> ウチのモモ、なんだか育ちが悪いのよ。土壌診断の結果もそれほど悪くないし、木も若いのに、どうしてかしら？

> 果樹栽培で大切なのは、根を伸びやすい状態にしてあげることです。長年、防除などで園内に機械が入ると、下層の土が固くなって根っこが伸びにくくなることがよくあるんです

## VI 現場における土壌診断のキーポイント

**悪い土壌** / **良い土壌**

伸び悩んでマス

トレンチャー
バックホー で、
下層土改良

ノビノビ
気持ちいい〜

土が固い
排水性・通気性 不良

土がやわらかい
排水性・通気性 良好

---

そうなの。どうしたらいいの？サエちゃん

おばさんとこ、確かトレンチャーあったわよね。それで深耕して固くなった層を砕いてやわらかくしたらどうかしら。その時にやらわかくなった層に堆肥や土壌改良資材なども入れると、モモの根の伸びる部分の土壌に栄養分が直接届いて、根も伸びやすくなりますよ

ありがと。そういえばウチのおじいちゃんは「ソウセイなんとかもいいよ」って言ってたけど、それって何？

草生栽培のことですね。敷わらの代わりに植物を植えると、雨による土壌の流出を抑えたり、微生物も増えるんです。やがて枯れればそれが有機物として働いてくれるの。それに植物の根が地中に入るので、表層の土をやわらかくする効果もあるんです！

ボクらマメ科で草生栽培！

保水力がアップ　　　土壌がやわらかくなる　　　有機物の補給に　　etc.

# Ⅵ 現場における土壌診断のキーポイント

## （2）土壌診断データと処方箋作成

### 土壌診断処方箋（モモの例）

作成日：平成○○年△月□日

○○ ○○ 様

| 分析番号 | 00001 |
|---|---|
| 作　物 | モモ |
| 土壌の種類 | 沖積土（褐色低地土） |

#### 1. 分析結果

| 分析項目 | 単位 | 目標値 | 分析値 | 所見 |
|---|---|---|---|---|
| pH | | 5.0～6.0 | 5.65 | 適正 |
| EC | mS/cm | － | 0.3 | － |
| リン酸吸収係数 | | | 1200 | － |
| 有効態リン酸 | mg/100g | 10～30 | 12 | 適正 |
| CEC | meq/100g | － | 20.0 | － |
| 交換性カリ | mg/100g | 20～30 | 50 | **過剰** |
| 交換性苦土 | mg/100g | 25～40 | 35 | 適正 |
| 交換性石灰 | mg/100g | 200～300 | 380 | **過剰** |
| 塩基飽和度 | % | 50～80 | 82 | **高い** |
| 石灰苦土比 | | 5～8 | 7.8 | 適正 |
| 苦土カリ比 | | 2～6 | 1.7 | **低い** |

現在のあなたの土壌の状態

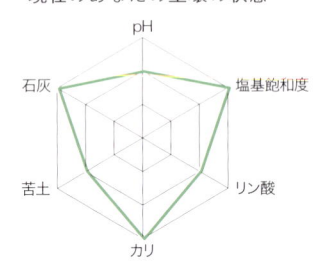

改善後、予想されるあなたの土壌の状態

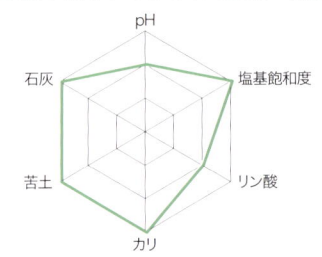

#### 2. 総合所見

- カリと石灰が過剰で塩基飽和度も高いですが、苦土カリ比が低いので塩基バランスを整えるために、土壌改良資材を施用してください。
- カリが過剰なので施肥基準よりもカリを減肥してください。

#### 3. 肥料名と施用量

単位：kg/10a

| 土壌改良資材 | 基肥 | 堆肥 | |
|---|---|---|---|
| 硫マグ | 有機配合720（仮） | 牛ふんオガクズ堆肥 | |
| 30 | 100 | 1,000 | |

## 肥料計算の考え方と方法

### （1）土壌改良資材

カリ、石灰、塩基飽和度、苦土カリ比が今回の課題です。苦土カリ比が2以下であり、カリ過剰症が出る可能性があるため苦土を施用し塩基バランスを改善します。使用する土壌改良資材はP58表Ⅳ-4に従って硫マグ（苦土分25％）を選択します。なお、本土壌の土性は壌土（仮比重は1）で、作土深は10cmとします。

苦土カリ比を2.0まで改善させるために必要な苦土の投入量を計算します。

カリミリグラム当量（meq）＝交換性カリ（mg/100g）／カリ1mg当量＝50/47＝1.06（meq）
苦土ミリグラム当量（meq）＝交換性苦土（mg/100g）／苦土1mg当量＝35/20＝1.75（meq）
苦土不足ミリグラム当量（meq）＝カリミリグラム当量×2－苦土ミリグラム当量＝1.06×2－1.75＝0.37（meq）
不足苦土含量（mg/100g）＝苦土不足ミリグラム当量×苦土1mg当量＝0.37×20＝7.4mg/100g
資材施肥量 kg/10a＝必要苦土含量 mg/100 g×作土深/10×100/（苦土分％）×仮比重
　＝7.4×10/10×100/25×1＝硫マグ29.6kg/10a

#### 改善後

苦土42.4mg、苦土カリ比2.0、塩基飽和度84％となり塩基飽和度、塩基成分が過剰となりますが塩基バランスが改善されます。
塩基飽和度、塩基成分については数年かけて塩基バランスに気をつけながら改善していきます。

### （2）基肥

各県の施肥基準に従って計算しますが、今回の処方箋では山梨県の早生種の施肥基準　樹齢（4～6年）の10a当たりの施肥基準（窒素8kg、リン酸5kg、カリ6kg、牛ふん堆肥（窒素0.57％、リン酸0.41％、カリ0.58％）1t）を参考に計算しました。

堆肥1t（＝1,000kg）から持ち込まれる有効成分量は
有効成分量 kg/10a＝施用量 kg×成分含量％/100×肥効率％/100
肥効率はP51表Ⅲ-4参照
窒素　　　1,000×0.57/100×10/100＝0.57kg/10a
リン酸　　1,000×0.41/100×80/100＝3.3kg/10a
カリ　　　1,000×0.58/100×90/100＝5.2kg/10a

施肥基準から堆肥中の有効成分量を差し引いて施用量を計算します。
窒素　　8－0.57＝7.43kg/10a
リン酸　5－3.3＝1.7kg/10a
カリ　　6－5.2＝0.8kg/10a
となります。

カリについては土壌養分が養分過剰なため基肥は無施肥とし、基肥で窒素7.4kg/10a、リン酸1.7kg/10aを施用します。基肥肥料として（窒素、リン酸、カリ7-2-0）の有機配合肥料を100kg/10a施用することにしました。

### ワンポイントアドバイス

・草生栽培を心がけましょう。SS（スピード・スプレーヤー）による圧密も防げます。
・基肥は有機配合肥料がおすすめです。
・樹園地の表層は往々にして、銅等の蓄積が認められるので注意しましょう。
・樹園地の改良は、まず物理性に注目しましょう。
・落葉果樹と常緑果樹では、養分吸収特性が異なり、施肥の時期が異なるので県の施肥基準を確認しましょう。

# 索 引

## あ 行

- アンモニア化成菌・・・・・・・・・・・・・・・・・・・・36
- アンモニア態窒素・・・・・・・・・・・・・・・36〜37
- アルカリ分・・・・・・・・・・・・・・・・・・・・・・・・・54
- アルカリ効果・・・・・・・・・・・・・・・・・・・・・・・73
- 硫黄華・・・・・・・・・・・・・・・・・・・・・・・・・・・・・18
- 液相・・・・・・・・・・・・・・・・・・・・・・・・・・・・・・・・7
- 塩基・・・・・・・・・・・・・・・・・・・・・・・・・・・・・・・27
- 塩基改良方法・・・・・・・・・・・・・・・・・・・・・・・30
- 塩基基準値・・・・・・・・・・・・・・・・・・・・・・・・・28
- 塩基測定方法・・・・・・・・・・・・・・・・・・・・・・・28
- 塩基バランス・・・・・・・・・・・・・・・・・・・30、77
- 塩基飽和度・・・・・・・・・・・・・・・・・・・・・・・・・29
- 塩類集積・・・・・・・・・・・・・・・・・・・・・・・・・・・21
- 塩類障害・・・・・・・・・・・・・・・・・・・・・・・・・・・27
- 塩類濃度・・・・・・・・・・・・・・・・・・・・・・19〜21
- 塩類濃度障害（肥料焼け）・・・・・・・・・・・・19
- EC（電気伝導度）・・・・・・・・・・・・・・・19、55
- ECに対する抵抗性・・・・・・・・・・・・・・・・・・20
- ECの目安・・・・・・・・・・・・・・・・・・・・・・・・・20
- ECの測定法・・・・・・・・・・・・・・・・・・・・・・・21
- ECの改良方法・・・・・・・・・・・・・・・・・・・・・21

## か 行

- 化学性・・・・・・・・・・・・・・・・・・・・・・・・・・・・・・9
- 可給態窒素・・・・・・・・・・・・・・・・・・・13〜14
- 可給態養分・・・・・・・・・・・・・・・・・・・・・・・・・45
- カリ（カリウム）・・・・・・・・・27〜29、48、56
- カリ過剰・・・・・・・・・・・・・・・・・・・・・・・27、69
- 加里質肥料・・・・・・・・・・・・・・・・・・・・・・・・・57
- 仮比重・・・・・・・・・・・・・・・・・・・・・・・・・・・・・12
- 緩衝曲線・・・・・・・・・・・・・・・・・・・・・・・・・・・85
- 乾土効果・・・・・・・・・・・・・・・・・・・・・・・・・・・73
- 希釈効果・・・・・・・・・・・・・・・・・・・・・・・・・・・21
- 気相・・・・・・・・・・・・・・・・・・・・・・・・・・・・・・・・7
- 拮抗作用・・・・・・・・・・・・・・・・・・・・・・・・・・・27
- 局所施肥・・・・・・・・・・・・・・・・・・・・・・・・・・・81
- 苦土（マグネシウム）・・・・・・・・・27〜29、56
- く溶性・・・・・・・・・・・・・・・・・・・・・・・・・・・・・55
- クリーニングクロップ・・・・・・・・・21、89、92
- 黒ボク土・・・・・・・・・・・・・・・・・・・・・・・・・・・33
- クロロシス・・・・・・・・・・・・・・・・・・・・・・・・・69
- ケイ酸・・・・・・・・・・・・・・・・・・・・38〜39、56
- ケイ酸改良方法・・・・・・・・・・・・・・・・・・・・・39
- ケイ酸基準値・・・・・・・・・・・・・・・・・・・・・・・39
- ケイ酸測定方法・・・・・・・・・・・・・・・・・・・・・38
- （結合基）サイト・・・・・・・・・・・・・・・・・・・・22
- 減肥基準・・・・・・・・・・・・・・・・・・・・・70〜71
- 交換性塩基・・・・・・・・・・・・・・・・・・・・・23、28
- 交換性カリ・・・・・・・・・・・・・・・・・・・・・・・・・28
- 交換性苦土・・・・・・・・・・・・・・・・・・・・・・・・・28
- 交換性石灰・・・・・・・・・・・・・・・・・・・・・・・・・28
- 固相・・・・・・・・・・・・・・・・・・・・・・・・・・・・・・・・7

## さ 行

- サイト（結合基）・・・・・・・・・・・・・・・・・・・・22
- 採土・・・・・・・・・・・・・・・・・・・・・・・・・・・・・・・11
- 作土・・・・・・・・・・・・・・・・・・・・・・・・・・・・・・・11
- 酸化鉄・・・・・・・・・・・・・・・・・・・・・・・・・・・・・56
- 酸化物・・・・・・・・・・・・・・・・・・・・・・・・・・・・・31
- 三相組成・・・・・・・・・・・・・・・・・・・・・・・・・・・・7
- 施設畑・・・・・・・・・・・・・・・・・・・・・・・88〜92
- 主要根群域・・・・・・・・・・・・・・・・・・・13〜15
- 硝酸化成作用・・・・・・・・・・・・・・・・・36〜37
- 硝酸態窒素・・・・・・・・・・・・・・・・・・・36〜37
- 処方箋例キャベツ・・・・・・・・・・・・・60〜64
- 処方箋例施設キュウリ・・・・・・・・・91〜92
- 処方箋例水稲・・・・・・・・・・・・・・・・・76〜77
- 処方箋例ダイコン・・・・・・・・・・・・・86〜87
- 処方箋例ホウレンソウ・・・・・・・・・83〜85
- 処方箋例モモ・・・・・・・・・・・・・・・・・96〜97
- 試料の調整・・・・・・・・・・・・・・・・・・・・・・・・・11
- 水溶性・・・・・・・・・・・・・・・・・・・・・・・・・・・・・55
- 生物性・・・・・・・・・・・・・・・・・・・・・・・・・・・・・・9
- 生理障害・・・・・・・・・・・・・・・・・・・・・・・・・・・27
- 生理的アルカリ性肥料・・・・・・・・・・・・・・・54
- 生理的酸性肥料・・・・・・・・・・・・・・・・・・・・・54
- 生理的中性肥料・・・・・・・・・・・・・・・・・・・・・54
- 石灰（カルシウム）・・・・・・・・・・27〜29、56
- 施肥基準・・・・・・・・・・・・・・・・・・・・・・・・・・・46

# 索引

施肥診断・・・・・・・・・・・・・・・・・・・・・・・44～47
施肥量・・・・・・・・・・・・・・・・・・・・・・・・・・・・44
施肥量の算出・・・・・・・・・・・・・・・・・・46～47
草生栽培・・・・・・・・・・・・・・・・・・・・・・・・・・95
その他肥料・・・・・・・・・・・・・・・・・・・・・・・・58
CEC（陽イオン交換容量）・・・・・・・・・・・・22
CEC基準値・・・・・・・・・・・・・・・・・・・・・・・・25
CEC測定方法・・・・・・・・・・・・・・・・・・・・・・24

## た行

堆肥・・・・・・・・・・・・・・・・・・・・・・・・・48～49
代替率・・・・・・・・・・・・・・・・・・・・・・・・・・・49
団粒・・・・・・・・・・・・・・・・・・・・・・・・・・・・・・7
地温上昇効果・・・・・・・・・・・・・・・・・・・・・73
窒素・・・・・・・・・・・・・・・・・・・・・・・・・36、47
窒素過剰・・・・・・・・・・・・・・・・・・・・・・・・・36
窒素欠乏・・・・・・・・・・・・・・・・・・・・・・・・・36
窒素の形態・・・・・・・・・・・・・・・・・・・・・・・37
地力増進基本指針・・・・・・・・・・・・・13～15
地力窒素・・・・・・・・・・・・・・・・・・・・・72～73
土づくり肥料・・・・・・・・・・・・・・・・・・・・・・58
土づくり肥料の組み合わせ・・・・・・・・58～59
適正施肥・・・・・・・・・・・・・・・・・・・・・・・・・10
鉄・・・・・・・・・・・・・・・・・・・・・・・・・・・・・・42
鉄改良方法・・・・・・・・・・・・・・・・・・・・・・・43
鉄測定方法・・・・・・・・・・・・・・・・・・・・・・・43
鉄目標値・・・・・・・・・・・・・・・・・・・・・・・・・43
電気伝導度（EC）・・・・・・・・・・・・・・・19、55
天地返し・・・・・・・・・・・・・・・・・・・・・21、89
天然供給量・・・・・・・・・・・・・・・・・・・・・・・45
土壌コロイド・・・・・・・・・・・・・・・・・・・・・・23
土壌消毒・・・・・・・・・・・・・・・・・・・・・89～90
土壌診断の目的・・・・・・・・・・・・・・・・・・・・8
土壌の種類・・・・・・・・・・・・・・・・・・・・・・・・6
土壌微粒子・・・・・・・・・・・・・・・・・・・・・・・・8
土性・・・・・・・・・・・・・・・・・・・・・・・・・・6～7

## な行

濃度障害・・・・・・・・・・・・・・・・・・・・・・・・・19

## は行

肥効率・・・・・・・・・・・・・・・・・・・・・・・50～51
必須元素・・・・・・・・・・・・・・・・・・・・・・・・・57
肥料焼け（塩類濃度障害）・・・・・・・・・・・・19
微量要素・・・・・・・・・・・・・・・・・・・・・・・・・57
腐植・・・・・・・・・・・・・・・・・・・・・・・・・・・・40
腐植改良方法・・・・・・・・・・・・・・・・・・・・・41
腐植測定方法・・・・・・・・・・・・・・・・・・・・・40
腐植目標値・・・・・・・・・・・・・・・・・・・・・・・41
物理性・・・・・・・・・・・・・・・・・・・・・・・・・・・9
分析項目・・・・・・・・・・・・・・・・・・・・・・・・・12
pH・・・・・・・・・・・・・・・・・・・・・・・・・・16、54
pH改良方法・・・・・・・・・・・・・・・・・・・・・・18
pH基準値・・・・・・・・・・・・・・・・・・・・・・・・17
pH好適範囲・・・・・・・・・・・・・・・・・・・・・・78
pH測定方法・・・・・・・・・・・・・・・・・・・・・・17
pH調整剤・・・・・・・・・・・・・・・・・・・・・・・・18

## ま行

マグネシウム（苦土）・・・・・・・・・27～29、56
無機化・・・・・・・・・・・・・・・・・・・・・・・・・・・36
無機態窒素の基準値・・・・・・・・・・・・・・・37
無機態窒素の測定方法・・・・・・・・・・・・・37

## や行

有機態窒素・・・・・・・・・・・・・・・・・・・36、72
有効態（可給態）ケイ酸・・・・・・・・・・・・・・13
有効態（可給態）リン酸・・・・・・・・・・・34、48
陽イオン交換容量（CEC）・・・・・・・・・・・・22

## ら行

利用率・・・・・・・・・・・・・・・・・・・・・・・・・・・46
リン酸・・・・・・・・・・・・・・・・・・・・・・・・32、55
リン酸の改善目標・・・・・・・・・・・・・・・・・・35
リン酸の改良方法・・・・・・・・・・・・・・・・・・35
リン酸過剰・・・・・・・・・・・・・・・・・・・・・・・69
リン酸の基準値・・・・・・・・・・・・・・・・・・・34
リン酸吸収係数・・・・・・・・・・・・・・・・・・・33
リン酸固定・・・・・・・・・・・・・・・・・・・・・・・32
リン酸の測定方法・・・・・・・・・・・・・・・・・34
リン酸質肥料・・・・・・・・・・・・・・・・・・・・・57
連作障害・・・・・・・・・・・・・・・・・・・・・・・・・89
露地畑・・・・・・・・・・・・・・・・・・・・・・・・・・・78

## ■ 参考文献

（1）前田正男・松尾嘉郎：図解　土壌の基礎知識、農文協（1974）
（2）地力増進基本指針（2008）
（3）藤原俊六郎・安西徹郎・加藤哲郎：土壌診断の方法と活用、農文協（1996）
（4）関東土壌肥料専技会：現場の土づくり・施肥Q&A　96改訂版、全国農業協同組合連合会（1996）
（5）群馬：作物別施肥基準及び土壌診断基準（2004）
　　　http://www.maff.go.jp/sehikijun/03kantou/0310gunma/031001shindankijun/top.htm
（6）藤原俊六郎：肥料の上手な効かせ方、農文協（2008）
（7）高橋英一・吉野実・前田正男：作物の要素欠乏過剰症、農文協（1980）
（8）清水　武：原色要素障害診断辞典、農文協（1990）
（9）土壌保全調査事業全国協議会編：日本の耕地土壌の実態と対策、博友社（1991）
（10）長谷川満良：農業技術大系、土壌施肥編、6－①施肥の原理と施肥技術（1）、農文協（1985）
（11）村山登・平田熙・矢崎仁也・但野利秋・堀口毅・嶋田典司・前田乾一（共著）：作物栄養・肥料学、Ⅶ.施肥法、B．水田の施肥、2．基肥と追肥、(5)窒素以外の施肥（前田乾一）、文永堂出版（1984）
（12）安田環・越野正義（共編）：環境保全と新しい施肥技術、第5章　窒素負荷を軽減する新施肥法、2．水稲の省力・環境保全的施肥管理（上野正夫）、2.3　水稲に対する省力的施肥技術、2.3.2　全量基肥施肥技術の確立、養賢堂（2001）
（13）千葉県：主要農作物等施肥基準（2009）
（14）西尾道徳：堆肥・有機質肥料の基礎知識、農文協（2007）
（15）藤原俊六郎・安西徹郎・小川吉雄・加藤哲郎：土壌肥料用語事典、農文協（1998）
（16）岩手県：地力・有機物施用を考慮した岩手県土づくり・施肥管理の手引き（2004）
（17）農林水産省生産局農産振興課環境保全型農業対策室：農地土壌の現状と課題（2008）
　　　http://www.maff.go.jp/j/study/dozyo_kanri/01/pdf/ref_data1.pdf
（18）農林水産省：「土壌管理のあり方に関する意見交換会」報告書（2008）
　　　http://www.maff.go.jp/j/study/dozyo_kanri/pdf/report.pdf
（19）渡辺和彦：原色野菜の要素欠乏・過剰症、農文協（2002）
（20）岡本　保・山田　裕：施設スイートピーのリン酸過剰による葉身白化症状、グリーンレポート478号（2009）
（21）千葉県・千葉県農林技術会議：畑土壌におけるリン酸、マグネシウムおよびカリウム含量の新しい診断基準値（2002）
（22）山形県：農業法典（1986）
（23）熊谷勝巳・今野陽一・佐藤之信・中川文彦・長沢和弘・上野正夫：山形県内におけるケイ酸供給力の評価、山形県農事研究報告第37号（2004）
（24）山形県：畑作指針（2001）

注：肥料取締法や地力増進基本指針では「りん酸」、「けい酸」などの用語はひらがなで記載しておりますが、本書では用語の統一性の観点から、「リン酸」、「ケイ酸」などとカタカナ表記で統一しております。
　：本書で参考にした施肥基準は県試験場に問い合わせるか、農林水産省の環境保全型農業関連情報のホームページから入手できます。　http://www.maff.go.jp/sehikijun/top.html

# 処方箋をもとに施肥改善等の指導にあたる皆さんへ

　土壌診断は「土壌分析をして処方箋を出しておしまい」ではありません。下記のように、1つの輪が成立することが重要です。

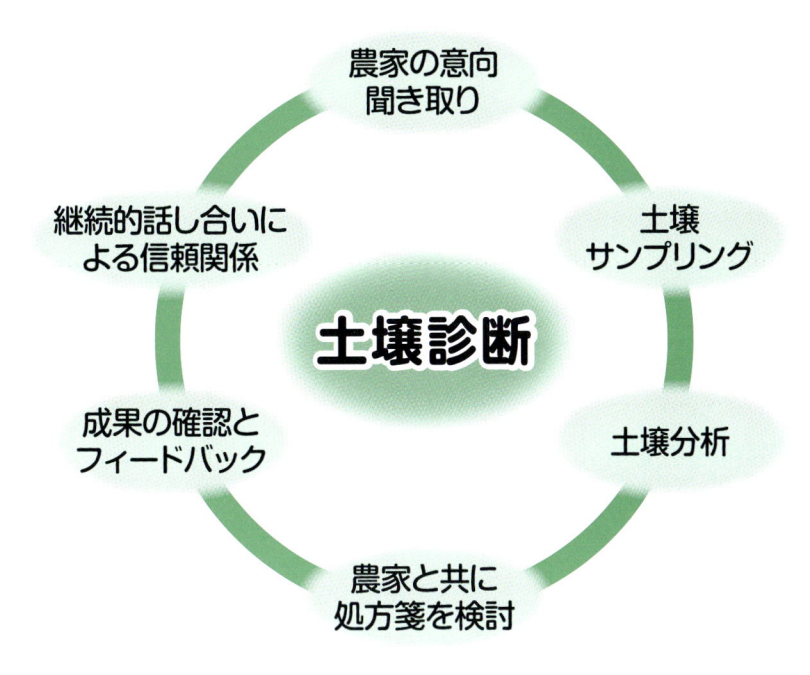

```
        農家の意向
         聞き取り
継続的話し合いに        土壌
 よる信頼関係        サンプリング
         土壌診断
 成果の確認と         土壌分析
 フィードバック
        農家と共に
        処方箋を検討
```

1. 土壌診断を始める前に、まず、農家と話し合いましょう。農家が今、栽培や施肥に関してどんな悩みを抱えているのか、あるいはどんな要望を持っているのか、その意向を聞き取り、土壌改良の方向性を固めます。

2. 正確に診断するためには、土壌のサンプリングがとても重要です。その値が圃場全体を表すので、定められた方法で確実に行なう必要があります。

3. 分析結果から処方箋を作成する時も、農家の意向をくみとりながら行なう必要があります。診断前の聞き取りでつかんだ農家の要望や圃場の特徴などを踏まえて、農家が納得する的確な処方箋を作らなければ意味がありません。

4. 診断結果から導き出された栽培・施肥等の対策は農家と話し合いながら進めましょう。改善の効果はすぐに表れるものばかりではありません。農家と継続的に話し合いを重ね、その成果を検討・確認していくことで、農家との信頼関係を築くことができるのです。

　土壌診断は、このような総合的な取組みが必要です。その最終目的は、処方箋を渡すことではなく、その成果を基に、農家によりよい作物づくりや施肥コストの削減、環境保全に取り組んでもらうことなのです。

● 編集委員会

委員長　矢作　学
委　員　安西　徹郎
　　　　上野　正夫
　　　　新妻　成一
　　　　日髙　秀俊
　　　　山下　耕生
　　　　山田　一郎
　　　　吉村　正門

---

だれにもできる
**土壌診断の読み方と肥料計算**

2010年 2 月20日　第 1 刷発行
2024年 1 月10日　第17刷発行

著者　全国農業協同組合連合会（JA全農）　肥料農薬部

発行所　一般社団法人　農山漁村文化協会
郵便番号　335-0022　埼玉県戸田市上戸田2-2-2
電話　048-233-9351（営業）　048-233-9355（編集）
FAX　048-299-2812　　振替　00120-3-144478
URL　https://www.ruralnet.or.jp/
ISBN978-4-540-09288-6
〈検印廃止〉
Ⓒ全国農業協同組合連合会　肥料農薬部2010 Printed in Japan
DTP制作／(株)日本制作社
印刷／(株)新協
製本／根本製本(株)
定価はカバーに表示
乱丁・落丁本はお取り替えいたします。